**Como perceber e transformar a neurose
– Psicoterapia Gestaltista**

Vera Felicidade de Almeida Campos

Como perceber e transformar a neurose – Psicoterapia Gestaltista

Copyright © 2017 Vera Felicidade de Almeida Campos
Todos os direitos desta edição reservados à Editora Labrador.

Coordenação editorial
Beatriz Simões Araujo

Projeto gráfico, diagramação e capa
Antonio Kehl

Revisão
Fernanda Batista
Vitória Lima

Dados Internacionais de Catalogação na Publicação (CIP)
Andreia de Almeida CRB-8/7889

Campos, Vera Felicidade de Almeida
Como perceber e transformar a neurose : psicoterapia Gestaltista / Vera Felicidade de Almeida Campos. — São Paulo : Labrador, 2017.
86 p. :

Bibliografia
ISBN 978-85-93058-25-7

1. Psicoterapia 2. Gestalt-terapia 3. Neurose I. Título

17-0781   CDD 616.8914

Índices para catálogo sistemático:
1. Psicoterapia : Gestalt-terapia

Editora Labrador
Rua Dr. José Elias, 520 – sala 1 – Alto da Lapa
05083-030 – São Paulo – SP
Telefone: +55 (11) 3641-7446
Site: http://www.editoralabrador.com.br/
E-mail: contato@editoralabrador.com.br

A reprodução de qualquer parte desta obra é ilegal e configura uma apropriação indevida dos direitos intelectuais e patrimoniais do autor.

Sumário

Algumas considerações 7
Necessidades e possibilidades 13
Posicionamentos da não aceitação 23
Pensamento como prolongamento da percepção 29
Trabalho psicoterápico 37
Sincronização, aceitação e não aceitação 40
Símbolo e distorção perceptiva 49
Processo de estruturação da identidade – personalidade 53
Evidência e causalidade 57
Distorções perceptivas 62
Impermeabilização – enquistamento relacional 65
Fabricação de imagens 72
Processos de mudança e transformação 81
Bibliografia 85

Algumas considerações

Este livro poderia se chamar *Psicoterapia Gestaltista Conceituações II* pelo fato de completar todas as implicações conceituais criadas e colocadas no meu primeiro livro, *Psicoterapia Gestaltista Conceituações*, e também por tratar das dinâmicas do trabalho realizado por mim na criação da Psicoterapia Gestaltista.

Criei a metodologia necessária à realização da Psicoterapia Gestaltista apoiada nos estudos da Psicologia da *Gestalt*, nos seus trabalhos e experiências sobre percepção e em suas leis, que impuseram, desde 1912, uma conceituação não associacionista, não dualista: percepção não era considerada pelos gestaltistas Koffka, Köhler e Wertheimer como a função responsável pela elaboração das sensações. Apreender este corte, esta mudança, foi fundamental para minha teoria psicoterápica. Foi um *insight* que me permitiu dispensar conceitos reducionistas e elementaristas, como o de inconsciente, por exemplo.

A experiência de 45 anos de trabalho quase diário com Psicoterapia Gestaltista permitiu-me conhecer, conceituar e explicar as dinâmicas relacionais e suas implicações, neste livro enunciadas. Para mim, vivenciar, trabalhar as dinâmicas relacionais psicológicas à luz de conceitos tais como: perceber é conhecer; pensamento é prolongamento perceptivo; e, ainda, todo relacionamento, todo posicionamento é responsável por novos relacionamentos, novos posicionamentos indefinidamente possibilitou minha abordagem conceitual, afirmando que tudo que ocorre é relacional, isto é, a relação é o que se dá, é o que se coloca para ser estudado, percebido, modificado enquanto vivência e enfoque psicoterápico.

No livro *Psicoterapia Gestaltista Conceituações*, de 1973, iniciei estabelecendo a síntese entre Psicologia da *Gestalt*, Dialética (Hegel e Marx) e Fenomenologia enquanto método. Cada vez mais pude ultrapassar esses estruturantes, ao atingir a unidade expressa em: perceber é conhecer, o ser é a possibilidade de relacionamento, e, dessa forma, a intencionalidade husserliana consequentemente só poderia ser entendida como a relação que configura sujeito e objeto, não mais como constituída pela relação entre sujeito e objeto. Admitir prévios ao processo relacional e reduzi-lo a posicionamentos desconfiguradores de sua dinâmica é estabelecer *a priori* (Husserl, de tanto evitá-los, incorporou-os em sua conceituação de intencionalidade, de consciência). Essas conceituações são fundamentais para apreensão do que é o humano, tanto quanto do que desumaniza, "neurotiza", desconfigura o humano.

Ao longo destes 45 anos, dediquei-me principalmente ao trabalho de consultório (atendimento clínico particular) e ao desenvolvimento teórico da psicoterapia, suas decorrências conceituais, suas implicações dinâmicas. Não havia condições para supervisionar grupos ou criar escola. Tive reconhecida minha teoria psicológica – a Psicoterapia Gestaltista –, colocada no currículo do curso de Psicologia da Universidade Federal da Bahia (desde 1998), mas injunções políticas no Departamento de Psicologia impediram que houvesse a efetivação dos trabalhos acadêmicos, assim como de supervisão e pesquisas amplas na área da percepção e da psicoterapia. Tempos depois, achei válido familiarizar novos psicólogos com as ideias e visões da Psicoterapia Gestaltista e, em 2011, criei um *blog* – com artigos inéditos semanais – no qual várias questões relacionais, perceptivas e psicológicas são enfocadas (o *blog* ainda continua).

As principais contribuições da Psicoterapia Gestaltista desenvolvidas neste livro estão na conceituação de que perceber é estar em relação com, e que é este se relacionar, focalizando o comportamento humano, que permite unificar as dicotomias entre orgânico e psicológico, entre organismo e meio. Percebemos graças a nossa estrutura fisiológica orgânica (isomórfica) e por estarmos no mundo (sociedade, cultura) com o outro. Acentuo também que o encontro com o outro é sempre uma transcendência de contingências, de limites e necessidades. Entender o ser humano como estrutura relacional, ancorada em necessidades com infinitas possibilidades relacionais, permite compreender a estruturação de medos, apoios, ansiedade, integração etc. Conceitos como posicionamento e vivência alienada podem ser dinamizados, por exemplo, e assim entendermos que vivenciar a rejeição só acontece quando se quebra este posicionamento da mesma. Sem dinâmica relacional não há percepção da percepção (categorização), não há constatação do que gera bem-estar ou mal-estar.

A questão do pensamento como prolongamento perceptivo tem várias implicações filosóficas. Dizer que o dado perceptivo é o dado relacional, que não está localizado no sujeito, nem no objeto, é totalmente diferente do subjetivismo cartesiano. O homem prolonga suas percepções – pensa –, conjectura, reflete, decide, expressa e comunica suas vivências, vence o tempo e espaço escondidos, desconhecidos, vai além de si mesmo. Quando esse processo é convertido e esgotado na sobrevivência, sobram possibilidades que aparecem sob forma de resíduos: depressão, fobia, maldade e crueldade. Para o homem, não basta sobreviver, pois, ao se esgotar na sobrevivência, o processo de desumanização se instala. O homem se transforma e é transformado por meio da percepção de seus próprios limites, da ampliação e superação dos mesmos.

Considerar que a submissão, a desumanização, é realizada tanto nas sociedades quanto nas famílias e nos relacionamentos afetivos foi importante. O ponto de ligação entre o homem, sua humanidade e o sistema social, familiar e político que o situa, é feito por meio da autonomia. Não havendo autonomia, surgem cooptação e submissão. Quanto mais regras, mais aprisionamentos. Sem liberdade, não há realização de possibilidades. A existência humana se converte em uma busca, uma jornada para realizar responsabilidades, deixar continuadores, estabelecer bons exemplos, bons padrões. Tudo isso é fundamental e necessário, mas não realiza o humano.

Não existe inconsciente, não há instinto, enfim, nada que determine o humano. Afetividade, emoção são estruturadas nas possibilidades relacionais humanas ou nas suas necessidades relacionais. Quando estruturadas nas possibilidades relacionais, o outro, o mundo é o estruturador; quando estruturadas nas necessidades relacionais, o orgânico prepondera. Explico o processo de estruturação da identidade-personalidade como resultante do relacionamento com o outro, com o mundo e consigo mesmo, esse relacionamento é perceptivo.

O encontro psicoterápico permite a remoção de sintomas desagradáveis quando se faz perceber os processos de não aceitação. O conceito de relação é fundamental para o entendimento dos processos humanos, e este conceito – relação – é o que permite unificar as dicotomias entre o indivíduo e o outro, o indivíduo e o mundo, tanto quanto explicar o autorreferenciamento e as distorções perceptivas. Neste livro, mais luz foi jogada no conceito de aceitação e suas implicações para o processo psicoterápico. Transformar necessidades em possibilidades relacionais é a grande questão que se coloca para a terapia. Em Psicoterapia Gestaltista, logo que os sintomas são removidos, é claramente percebida a estrutura da não aceitação geradora dos mesmos.

Como perceber e transformar a neurose – Psicoterapia Gestaltista é um novo *Psicoterapia Gestaltista Conceituações,* abordando o humano e seus processos relacionais, da mesma maneira abrangente, dentro de configurações que não o mutilam, não o reduzem a aspectos orgânicos/cerebrais, sociais e econômicos, mas ressaltando fundamentalmente a dinâmica psicoterápica. É uma base de resgate do humano, principalmente nas situações nas quais se busca isto: no trabalho psicoterápico.

Para transformar a neurose, é fundamental entendê-la por meio de configurações que nos indiquem caminhos de suas estruturações e identidades. Identificar o processo neurótico, o que aliena e desumaniza, é o início do resgate do humano. Espero ter criado referenciais que permitam configuração do humano, possibilitando transformá-lo, resgatá-lo, tirá-lo dos posicionamentos alienantes do que se coloca como neurose: falta de autonomia, de aceitação dos próprios limites, necessidades e possibilidades.

Vera Felicidade de Almeida Campos

Necessidades e possibilidades

O ser humano é uma possibilidade de relacionamento, tanto quanto, em função de sua estrutura orgânica-biológica, é também uma necessidade de relacionamento. Chegar a esta afirmação implica em ultrapassar os mecanismos causalistas, reducionistas, defendidos pela Psicologia desde o século XVII até o século XX e representada principalmente pelo Behaviorismo, pela Psicanálise e pelo Cognitivismo.

O conceito de organismo que se adapta ao social, ao exterior, e se desenvolve ou reprime sua subjetividade, sua interioridade, suas pulsões, diante das pressões externas, das pressões sociais, cria tautologias e, como tais, círculos viciosos, nebulosos, insolúveis. Falar que tudo é adquirido, é aprendido, implica no mesmo, pois mostra a ideia do organismo com suas dinâmicas externas e *feedbacks* internos.

O ser humano é uma possibilidade de relacionamento. Relacionamento é o processo estabelecido com o outro, consigo mesmo e com o mundo. Esse processo é exercido pela percepção. O processo perceptivo é o estruturante da relação do homem com o mundo, com o outro e consigo mesmo. Essa relação – a percepção – é o conhecimento.

Quando se percebe que percebe surge a categorização expressa pela linguagem. Tudo se inicia nesse processo relacional perceptivo. Por influências deterministas, causalistas, associacionistas, espacializou-se o conhecimento psicológico. Dominada pela ideia de receptáculos mentais, inconscientes e equivalentes, a psicologia dedicou-se a entender os conteúdos mentais, as localizações cerebrais, deixando de perceber os processos perceptivos relacionais. (Campos, 2002, p. 17)

Acredito que toda a Psicologia, Filosofia e Ciência, partindo do conceito de relação, de sua estruturação – de qual sujeito e qual objeto são seus fundantes possibilitadores de significado, eficácia e operação – podem explicar os processos relacionais. Perceber é estar em relação com. Este relacionar-se é o que permite unificar as dicotomias entre orgânico e psicológico, entre organismo e meio.

Percebemos graças à nossa estrutura neurofisiológica orgânica (isomorfismo[1]) e por estarmos no mundo (sociedade, cultura) com o outro.

O desenvolvimento neurológico e motor do organismo assegura a percepção. Esta possibilidade (perceber) é exercida com o que está diante de nós, nos circundando, estabelecendo assim as configurações relacionais do dia a dia que estruturam as possibilidades de relacionamentos.

Organismos saudáveis, sem comprometimento orgânico, vivendo em sociedades, famílias ou instituições preservadoras do estar vivo, instantânea e automaticamente realizam as necessidades de alimento, sono, sede e contato físico com o outro. As estruturas orgânicas, os neurotransmissores, as funções cerebrais, são alimentadas, mantidas e exercidas. A fome e a sede estão saciadas, o sono é restabelecedor do potencial elétrico e também o contato com a mãe ou congênere é efetuado; não há dor, nem frio, nem calor insuportáveis. A satisfação ou não satisfação dessas necessidades constituem uma base estrutural para outros processos relacionais. É uma base, é um contexto a partir do qual se percebe que percebe, constatam-se as necessidades

---

[1] O princípio isomórfico (isomorfismo), estabelecido por Köhler e Wertheimer em 1912, diz que a toda forma neurológica/orgânica corresponde uma forma psicológica; por exemplo, a percepção visual decorre de haver um aparelho visual (olho e sua estrutura orgânica/neurofisiológica) relacionado com um contexto cujos objetos e iluminação são focados, percebidos.

satisfeitas. Não há entraves, tudo é tão simples quanto abrir os olhos, andar ou engolir.

Quando as necessidades não são satisfeitas, as possibilidades relacionais são polarizadas para resolver o necessário. Tudo converge para aplacar a fome, o sono, a sede, o desequilíbrio de estar solto, sem proteção. Tudo é limitado, tudo é bloqueado. Pode tornar-se muito complexo conseguir abrir os olhos, andar ou engolir, por exemplo. A possibilidade de relacionamento, característica humana, fica referenciada, limitada à satisfação de suas necessidades orgânicas. Para sobreviver é preciso lutar, é preciso vencer. Ser forte, ser esperto, conseguir, é o lema. Voltado para a sobrevivência, o ser humano fica limitado pelas suas necessidades.

Teses, antíteses e sínteses asseguram a dinâmica, a reversibilidade dos processos. Essa infinita continuidade relacional fragmenta o indivíduo quando ele está posicionado em conseguir satisfazer necessidades ou em defender as satisfações conseguidas. Quando não se está posicionado, a continuidade relacional amplia os contextos ao transformar limites em referenciais e referências ultrapassáveis.

As necessidades orgânicas são percebidas como necessidades de sobrevivência. Manter-se vivo é fundamental, é o único que importa, isto justifica tudo. Matar ou morrer é um desdobramento do que se considera viver. O outro, em decorrência desse posicionamento, é percebido como facilitador ou como obstáculo à satisfação das próprias necessidades. Esta focalização polariza as motivações e fragmenta a estrutura. Este processo explica como se destrói familiares e amigos em função das próprias conveniências. O que é protegido passa a ser atacado em função das demandas, em função do que é necessário. Vende-se a própria alma, rasga-se a própria pele. A história está repleta dessas traições, dessas transições para desumanização.

Sobreviver requer adaptação e desadaptação. Esse processo, escamoteado pelo que é adequado ou inadequado, escraviza o ser humano. Ao lutar pelo que necessita, ele se torna refém, arauto e defensor da ordem constituída não importando que destrua outras, desde que ele sobreviva. Montadas as estratégias, estabelecidas as regras, evitados os erros, surgem os meios, as regras e padrões de sobrevivência. Nesse contexto, a família é um grande apoio, fora dela tudo é estranho, consequentemente ameaçador. Formas de relacionamento, objetivos, desejos e processos educativos são estabelecidos com o objetivo de manter-se vivo. As desigualdades econômicas, os acessos ao necessário são verificados. Avaliação, medo, coragem, esperteza são instrumentos na luta pela sobrevivência. O ser humano se sente sozinho, os outros, o que o cerca são perseguidos como apoio ou obstáculo, enfim, como objetos que precisam ser destruídos ou conservados. Sobreviver é manter, cuidar, permanecer capaz de acertar os alvos buscados. Reduzido assim à condição de organismo humano, resta ao homem desejar, querer preencher suas faltas, querer ser inteiro, completo, satisfeito. Este momento é paradoxal: atingindo a percepção do que lhe falta, por meio de fragmentações sucessivas, evita o mergulho no vazio gerado pelo espaçamento relacional, que seria a única possibilidade de questionamento, de mudança e consequente unificação estrutural, responsável pela realização de suas possibilidades.

Completar, preencher, saciar são imposições para continuar vivo. Tudo pode realizar essa proposta: das metas profissionais e educacionais ao estabelecimento da família e seus rebentos, até à sedação via medicamentos ou artificialmente prazeirosa por meio de drogas, por exemplo. Assim, no nível de sobrevivência, as possibilidades são transformadas em necessidades. Essas transformações são difíceis de realizar e, quando conseguidas, desumanizam. É como se perdesse a coluna vertebral, a postura bípede e por isso rasteja. Sem dignidade, é humilhado, mas, perseverando, acredita conseguir realizar seus sonhos, não precisando mais lutar pela sobrevivência, pois já tem tudo que precisa, venceu.

Ao viver em função do que é necessário, o outro é transformado em objeto que satisfaz ou não satisfaz necessidades.

O processo de não aceitação – anteriormente estruturado pela existência e percepção do outro como utilidade ou inutilidade para realização de objetivos – é o contexto onde são percebidas as possibilidades relacionais convertidas em necessidades. Ser aceito pelo outro para esconder a vergonha, o desespero e a raiva que se tem por ser assim – não se aceitar – é uma constante. Este ponto é crucial para entender o processo de desumanização. Ao não se aceitar, o indivíduo deseja ser aceito. Ele próprio se avalia, se desvaloriza, se sente não capaz, mas necessita de atenção e, exatamente por isso, ele quer, precisa, ser aceito. Não se aceitando, precisa enganar, camuflar o que considera seus defeitos, erros e impossibilidades para ser aceito. Cria imagens, usa máscaras, vende aparência de respeitabilidade e adequação. Mercador de si mesmo, instrumentaliza suas incapacidades, transformando-as em capacidades de pedir, implorar, impressionar.

Estes enganos têm grandes repercussões. De deslocamento em deslocamento, fazendo de conta, ele atinge a desumanização. Ao neutralizar conflitos, se anula, se despersonaliza. Suas possibilidades relacionais foram transformadas em necessidades; realizar desejos e fazer o que quer é, para ele, a suprema realização e libertação, são propósitos inexequíveis. Não há como se libertar da liberdade, não há como realizar o irrealizável.

Desespero, maldade, crimes, depressão, manias são constantes na vida dos sobreviventes. Quando buscam psicoterapia querem ter condições, neutralizar sintomas, ficar em pé para reeditar seus propósitos. Ao melhorar, reiniciam a busca desenfreada da satisfação de necessidades.

Frear o deslocamento estabelece impasses, estabelece conflitos que podem dinamizar. O que pode ser dinamizado? A fragmentação, as demandas, as metas e os desejos – o círculo vicioso. Essa redundância, essa repetição, é o que se dispõe para isolar o indivíduo de seus desejos. É o que lhe permite, diante de sua não aceitação, aceitar que não se aceita e iniciar um movimento novo para ele: ser fiel, honesto ao que percebe de sua problemática. Este não fazer de conta dá consistência. A continuidade de vivências, a igualdade entre o vivenciado e o referido, tem uma dimensão nova: os limites começam a ser ultrapassados. Esse movimento é a transcendência ao endereçamento, aos propósitos necessários. As possibilidades não são mais necessidades, pois perderam o caráter imediato de contingência. Vive-se, e isso é diferente do viver para. O presente, a realidade se impõem. O outro é outro ser, sem finalidade, sem função a ser aproveitada, utilizada segundo a conveniência das próprias necessidades.

Este esvaziamento progressivo de finalidades, de metas, restaura a humanidade. Entregue a si mesmo, aceitando seus limites, começa a estruturar disponibilidade. Não há avaliação, não há busca, não há necessidades a preencher. É muito difícil a vivência despropositada, pois o dedicar-se a satisfazer necessidades cria padrões que são verdadeiros manuais, guias de sobrevivência.

Sistemas políticos, ideologias e religiões acenam sempre para um mundo melhor, uma vida paradisíaca no pós morte, a depender do que se faça e com que se vincula os próprios interesses de vida. A ilusão de ter uma missão, ter uma finalidade, justificar a própria existência, é um faz de conta tóxico e alienador.

Infelizmente, procedimentos psicoterápicos filiados e cooptados pelo bem-estar, pela compaixão e ordens a manter são responsáveis por alienação, incentivando a mentira, a desonestidade. Ao pensar que todo ser humano tem que ser confortado e ajudado, não veem como o estão transformando em objeto, em coisa mutilada, estragada, que precisa ser consertada. Essa atitude, cumplicidade e solidariedade estruturam onipotência terapêutica, alimentando o processo de desumanização à medida que transformam assassinos e pedófilos em vítimas, por exemplo. Ajudar e ser ajudado é o lema, quando o que deveria ser focado é o resgate das possibilidades relacionais que foram transformadas em necessidade de sobrevivência, em manutenção da vida e dos desejos a qualquer preço. Nesse contexto, as religiões responsáveis pelo acesso ao divino, dito transcendente, são agências manipuladoras e captadoras de restos humanos, que podem ser combustíveis para seus propósitos evangelizadores e proselitistas.

Não perder de vista as possibilidades de relacionamento estabelece disponibilidade para o outro, o mundo e o si mesmo. É o que permite estar diante do que ocorre, presente continuamente sem fragmentação, é o que gera questionamentos. Questionar é dinamizar, é perceber as infinitas possibilidades relacionais. Satisfação não é sedação. Satisfazer é permitir continuidade, o que só é possível ao gerar antíteses aos posicionamentos.

Aceitar-se é estar inteiro, sem divisões, sem metas e medos, sem referenciais polarizantes de passado e futuro. Vivenciando o presente enquanto presente, como contexto estruturante de suas motivações pela não avaliação, não instrumentalização, ocorre liberdade, não posicionamento, desapego no sentido de não compromisso, objetivo ou regra. É quase impossível viver assim em sociedades ou famílias que estruturam todo o relacionamento com o outro nas vitórias a atingir e fracassos a evitar. O pragmatismo e suas atitudes valorativas esvaziam o humano.

A liberdade passa pela espontaneidade do aqui e agora, que deixa o ser humano disponível para o que ocorre. Essa disponibilidade, que é o não posicionamento, a não espacialização dos processos, cria também desapego, despropósito, vazio. Esse vazio não desumaniza, pois ele é a resultante do estar-com-os-outros enquanto eles próprios, independente dos contextos estruturantes. A não diferenciação, o perceber tudo como semelhante, como igual, integra. Essa integração é a dinâmica, o movimento da unidade, da base que leva à transcendência. Para que ocorra, é necessário ultrapassar os limites dos posicionamentos relacionais. Ao estruturar unidade, estrutura-se autonomia – o outro não é o apoio, nem a opressão, mas sim o encontro, a integração ou a paisagem, contexto a partir do qual as possibilidades relacionais são exercidas. Integrar é unificar, é a única maneira de continuar a unidade (unitário); não é solidão, pois é a unidade o que possibilita o outro enquanto outro, sem ser transformado em objeto supridor ou frustrador de necessidades.

O encontro é sempre uma transcendência de contingências, de limites e necessidades. Quando ocorre, na continuidade relacional, possibilita transcendência. Frequentemente as pessoas dizem se encontrar, o que ocorre em função de objetivos comuns. Essas circunstâncias, essa polarização impede a transcendência, não há encontro. Na transcendência, o movimento é em torno da própria base.[2]

Quando sou sujeito, percebo objetos; polarizo-me em nível de objeto e sou objeto à medida que conheço, identifico, constato e infiro relações. Podemos então dizer que o objeto é uma continuação do sujeito e vice-versa, bastando lembrar a bipolaridade humana, resultante da unidade essencial configurativa do ser no mundo:

Fica fácil entender que tanto faz falar em sujeito-objeto, ou esquerda-direita ou dentro-fora. Entretanto, para não nos perdermos em generalidades geradoras de categorias, tipologias e espacializações, fiquemos no fundamental: a bipolaridade resultante da unidade; daí ser esclarecedora a analogia da barra imantada, daí podermos perceber que o ser humano tem posiconamentos de sujeito e posicionamentos de objeto, tanto quanto nível de sobrevivência e nível existencial (contemplativo). Enquanto o nível de sobrevivência é caracterizado pelos posicionamentos, o nível existencial, contemplativo é caracterizado pela dinamização e pela possibilidade de gerar, criar. (Campos, 1993, p. 99)

O ser não categoriza, apenas conhece e percebe. Não percebe que percebe.[3]

Estar com o outro integrado é não estar consigo mesmo nem com o outro; é estar na infinita possibilidade relacional, no vazio que é o responsável pela aceitação e humanização. Nesse vazio, resultante da transcendência, o outro é o Fundo que permite estruturar aceitação (Figura). Pela reversibilidade relacional, perceptiva, o outro estruturante

---

[2] Na matemática, espiral é uma curva plana que gira em torno de um ponto central, chamado polo, dele se afastando ou se aproximando, segundo uma determinada lei.

[3] "Só através de posicionamentos surgem as categorizações. Quando eu percebo, quando eu conheço, me relaciono, mas não sei o que percebo, o que conheço. Para saber, para categorizar é necessário que a vivência do presente seja contextualizada no passado, em outro referencial que não o da vivência atual. Esta interseção do passado no presente, feita pela memória ou pela superposição vivencial possibilita categorização, possibilita referenciais de inclusão responsáveis pela tradução, explicação, interpretação do que está acontecendo." (Campos, 2002, p. 39-40)

passa a ser a Figura. Havendo posicionamento, a dinâmica, a reversibilidade é quebrada, cessa a transcendência, e as bases unitárias se dividem.

No vazio (vamos chamá-lo de vazio II humanizador para diferenciar do vazio desumanizador), não há posicionamento, não há quebra de reversibilidade relacional. A transcendência não cessa, consequentemente a unidade não se divide (pois o todo não é a soma das partes), não há justaposição nem aderências. Foi, assim, criada a dimensão transcendente, na qual as possibilidades relacionais não estão estruturadas nas necessidades. É a humanização, na qual a satisfação de necessidades é uma mera contingência, sem polarizações, apegos ou esforços. Nesses contextos e atmosferas, as relações com os pais ou seus equivalentes estruturam aceitação. Vive-se por viver, sem propósitos ou busca de valores que justifiquem a existência. A ideia de desapego, de viver por viver, infelizmente, é, às vezes, transformada em um propósito religioso e de alguns sistemas filosóficos, políticos e até mesmo familiares, sendo também usada como incentivo para realização de determinadas ações e para manutenção do que se quer atingir, vender ou arregimentar.

A aceitação dessa dinâmica, desse despropósito, desse vazio humanizador, realiza as possibilidades relacionais humanas.

Para realizar a necessidade de sobrevivência, é preciso trabalhar, produzir o fundamental para se manter vivo. Essa ordem contingente esgota-se em si mesma, não é utilizada para composição de outras finalidades. As possibilidades não são transformadas em necessidades. O homem não vira escravo de si mesmo, de seus desejos e necessidades, não se aliena por meio de compromissos, não transforma o outro em objeto, seja de amor seja de ódio.

Em Psicoterapia Gestaltista, ao fazer o cliente perceber que tudo que o problematiza, que o infelicita, é causado pela não aceitação de seus limites, dificuldades e processos estruturadores/desestruturadores, inicia o processo de aceitação da não aceitação, que na continuidade sequenciada é transformada em aceitação.

Estabelece-se, assim, a unidade responsável pela transcendência, podendo através do outro (terapeuta) atingir dimensões que permitem reconfigurações perceptivas. O processo terapêutico é sempre invadido, freado pelas demandas de otimização, pela instrumentalização – feita pelo cliente – da neutralização de sintomas, das melhoras conseguidas no processo psicoterápico. Isso entrava a dinamização, mantendo divisões e gerando focos, metas a atingir.

Nas famílias, a aceitação do filho enquanto filho gera unidade. Famílias são parte de um todo (sociedade, sistema), geralmente orientadoras do que se deve ou não deve realizar, atingir, sendo, consequentemente, fragmentadoras do humano. Nessa atmosfera, os filhos são aceitos pelo que podem conseguir, pelo que podem preencher de beleza, inteligência, dinheiro, pelo alcançar poder, pelas vitórias conseguidas, pelas espertezas realizadas. Às vezes, o filho é a carga, é uma "boca a mais", alguém que tem de ser cuidado, que toma o tempo etc. Filhos podem também ser considerados e/ou percebidos como aqueles "que vão ser tudo que não se conseguiu ser". Esse processo configura a não aceitação do filho, geradora de fragmentação, responsável pela manutenção e eternização do processo de desumanização, caracterizado pela transformação das possibilidades em necessidades. Quando isso ocorre, a sociedade, as famílias, as escolas, as ideologias, as religiões vão expressar essa desumanização, esse desespero típico do processo de destruição do humano.

Viver com os outros, participar buscando sempre satisfação de necessidades, é concorrência, competitividade, tanto quanto é ilusão – oportuna ferramenta – necessária para estabilização e construção de convívio, de adaptação, tolerância, submissão e também de autoritarismo, intolerância e arrogância.

Viver com os outros, ultrapassando necessidades e estruturando unidade, é a possibilidade de integração – realidade consistente a partir da qual as possibilidades relacionais são exercidas, pois são libertadas de necessidades contingentes.

O ser humano se liberta quando o ser – possibilidades relacionais – confronta e encontra o vazio da transcendência.

Posicionamentos da não aceitação

O indivíduo, ao se fragmentar, cria espaços entre os posicionamentos. Este vazio é responsável pela desumanização. Sempre existe, em qualquer processo, espaços, descontinuidades. Chamamos essa descontinuidade de vazio. Ultrapassar o vazio é a transcendência.

Surge o vazio, a realização da essência (possibilidade) humana independente de ser sujeito ou objeto. Este momento de presente total, presente contextuado no próprio presente, esvazia ao diluir as formalizações e referenciais. Mas é também um oásis no deserto da sobrevivência. É a pausa, um momento de dinamização das contradições e suas neutralizações. Como vivenciar isso no dia a dia sem artifícios, sem transformar a vivência do presente em posicionamento? Vivenciando o presente sem a ele se apegar, é o abrir mão dos resultados; é o fazer por fazer, é a substituição da atitude de avaliação pela de dedicação, é o deslizamento, é um encontro com tudo que está sendo percebido. É o não avaliar, o não comparar, o dedicar-se ao vivenciado. (Campos, 1993, p.106)

Deter-se no vazio gera autorreferenciamento responsável pelos propósitos, metas, desejos alienadores, desumanizadores. É a satisfação de necessidades. O vazio é responsável pela desumanização ou pela humanização: transcendência realizadora de possibilidades.

Manter um posicionamento é quebrar as dinâmicas relacionais, é autorreferenciamento, no qual tudo é percebido por meio da própria não aceitação, dos próprios desejos, medos e propósitos. Assim esvaziado, só resta encaixar-se, ajustar-se ao que satisfaz as próprias necessidades. Para realizar esse processo, transformam-se as possibilidades em necessidades, desumaniza-se, tornando-se um organismo dentro de um sistema (sociedade, família, escola, igreja) que orienta para suprir as necessidades. Quebrar esse posicionamento é dinamizar, recuperar as possibilidades relacionais, é ser no mundo com os outros, consigo mesmo, independente dos propósitos, acertos e conveniências; basta aceitar que não se aceita, basta perceber os limites posicionantes, é o início. Este ficar diante, perceber de outro modo, é a curva plana que gira em torno de um ponto central, é a espiral – a transcendência. É o ser se percebendo diante de suas possibilidades e limitações. É o vazio ultrapassado, é a transcendência, é o encontro consigo mesmo no contexto das possibilidades, sem os limites das necessidades. A escravidão é rompida, surge a liberdade, a transcendência aos limites simultâneos de apoio e opressão.

Ao envelhecer, os limites orgânicos se impõem. Mais que nunca, são necessárias dinamizações, antíteses a fim de transcendê-los, para não transformar em justificativas essas limitações, não viver em função dos apoios e bengalas, apenas considerá-los como aderências, contingências necessárias. A desconfiança, a doença, o medo de morrer são algumas das características do vazio.

> O vazio, resultante do não relacionamento com o outro, é formado desde a infância, decorrendo, portanto, das atitudes (paterna e materna), da estrutura familiar subordinada aos limites culturais e socioeconômicos. Resumindo, a atitude dos pais em relação aos filhos é responsável pela estruturação de uma relação integradora, diferenciadora, ou de uma relação coisificante, desvitalizada, vazia. (Campos, 1993, p. 59)

Amizades, famílias, psicoterapias e sociedades podem propiciar realização de necessidades, ensinando estratégias e caminhos, ou podem mostrar que as possibilidades relacionais existem e que, ao reduzi-las às necessidades de sobrevivência, estruturam a desumanização. Sociedades estão fundamentadas em ordens econômicas, consequentemente todos os seus integrantes precisam, fazendo parte do mercado, sobreviver e resolver suas necessidades. Nesse contexto, amizades são percebidas como apoio, ajuda e incentivo. São pilares supressores de dificuldades: desde famílias que existem para ajudar, cooperar, até psicoterapias que promovem ajustes, adequação. Enfim, tudo deve convergir para realizar o necessário, o adequado. Sem saída, as possibilidades relacionais são jogadas em abismos: drogas, vício, dependência, submissão, opressão, conveniência, inconveniência.

O vício é um deslocamento que cria outra realidade, outro contexto. Imprensado, emparedado, não tendo mais para onde deslocar, o indivíduo se posiciona em algo que lhe dá bem-estar, que alivia e corta tensões. Na síndrome de pânico, os tranquilizantes exercem essa função; para vencer o dia a dia tedioso e estressante, bebe ou se droga, criando assim uma atmosfera aplacadora, criando outra realidade. Essa superposição amplia as dimensões do que está emparedando, consequentemente alivia.

O que é ampliado superpõe-se ao que permite a ampliação. Não se percebe mais o pressionante, vivencia-se o alívio ampliado por interferência de remédios, drogas ou hábitos. Foi criado um refúgio, uma ilha onde o posicionado pode permanecer isolado, sem interferência. O alívio gerado por esses posicionamentos é confortável, relaxante, tranquilizante, consequentemente viciante. O isolamento passa a ser o nirvana, o paraíso do bem-estar. Essas vivências são autofágicas: é necessário neutralizar, destruir dados relacionais, destruir intercâmbios. Essa neutralização é conseguida pela cisão, pela divisão realizada: as possibilidades de relacionamento transformadas em necessidades são, agora, a matéria-prima que permitirá a autofagia. Alimentado pelo próprio autorreferenciamento, o indivíduo se destrói, transforma-se apenas na vontade de não ter vontade, de ficar sedado.

Manutenção e hábito também podem estabelecer vício. As conhecidas compulsões e obsessões (transtornos obsessivos compulsivos – TOC) realizam todo o ritual necessário para aplacar o tremor, o medo. São conhecidos casos de pessoas que têm que trancar e destrancar algumas vezes todas as fechaduras da residência, do trabalho, verificar os interruptores, abotoar todos os botões etc. Quando tudo é feito não podem sair, pois precisam repetir tudo que já foi feito. Isso chega a um ponto de inviabilizar qualquer ação: sair para a rua, por exemplo. Tornar inviável o viver configura também a autofagia. O hábito vira vício, cria nova realidade não assimilável aos contextos cotidianos. Comer como garantia de ter força, comer como prazer, e estourar a capacidade física (obesidade) impedem movimentos, impedem vida.

Cortar deslocamentos é evitar vícios destruidores. O vício é uma constante relacional, é antropomorfizado, vira o outro com o qual se estrutura o relacionamento necessário à sobrevivência, é a dependência. Este aspecto explica a perda de controle, a não vontade, o não conseguir abandonar, largar o que vicia, pois não se controla o outro. O vício está imune a realizar desejos e submeter-se a controles.

Relacionar-se com o outro – o vício – é o autorreferenciamento total, é estar blindado a qualquer acesso variável ou relação. Sem a droga, o hábito, o medicamento – um vício – surge a falta, o vazio, abismo total onde falta o outro (vício), o oxigênio, o alimento necessário para sedar as necessidades. Entregue a si mesmo, autorreferenciado, o indivíduo explode, colapsa.

A falta de antítese gera deslocamento e este impossível – falta de antíteses – ocorre quando existem divisões, fragmentações estruturais. Ao iniciar as divisões, é necessário o questionamento que faz retornar à unidade; para isso, é preciso perceber os problemas, as não aceitações e aceitá-las a fim de transformá-las. Buscar alívio, bem-estar, é uma maneira de negar o que aflige, o que infelicita. Enfrentar o que é pressionante, o que causa desconforto é a única maneira de conseguir alívio e bem-estar. A solução está no próprio problema e não fora do mesmo. Perceber isso é impossível para quem não se aceita. Esconder também cria demandas, objetivos e é a maneira de buscar ser aceito, ser amado. Não se suportar, não se aceitar e querer ser aceito é, no mínimo, escamoteador, desonesto. Sem honestidade (congruência entre o que se mostra e o que se pensa que é), não há consistência, não há confiança. Tudo é escuso, otimizado, disfarçado. Em psicoterapia, remover aderências e imagens permite atingir os núcleos estruturantes da não aceitação.

Não ser aceito, saber-se discriminado por ter ou não ter certas características, certas habilidades, certas condições de vida e de aparência, transformam o ser humano em objeto que precisa ser comprado, utilizado, valorizado, que luta para não ser desprezado, jogado fora por ser inútil. Criar em torno de si sinalizações que indiquem utilidade, que falem das boas qualificações, é tudo que se precisa para buscar ser aceito, não ser rejeitado. Perceber que não tem importância alguma para quem quer que seja é solidão, é isolamento, estrutura rejeição.

Desde criança, ser rejeitado, desconsiderado, é uma vivência alienante. Virando coisa, o único resíduo humano é o de manter posicionamentos que sejam vantajosos. A vontade, o desejo de conseguir por meio da manutenção de posicionamentos, ser olhado, desejado, valorizado é o que sustenta seu dia a dia. Passar a vida sem receber carinho dos pais ou elogios dos professores cria condições de recolhimento, de medo ou ansiedade. Na continuidade da vida, essas pessoas se sentem rejeitadas, não aceitas. Não foram aceitas, não se aceitam, embora nem sempre vivenciem tal rejeição. Vivenciar a rejeição só acontece quando se quebra o posicionamento. Sem dinâmica relacional, não há percepção da percepção (categorização), não há constatação do que gera bem-estar ou mal-estar. A não configuração dessa totalidade relacional possibilita análises elementaristas e causalistas, freudianas por exemplo, como as explicações dadas pelo inconsciente. A vivência do medo, da omissão, é o contexto estruturante a partir do qual tudo é avaliado. Na omissão (medo), na homogeneização, a não sinalização torna tudo igual, o próprio indivíduo, pelo autorreferenciamento, determina e sinaliza o vivido conforme suas necessidades, suas demandas anteriores, isto é, nada ocorre de presentificado. Só se sabe o que se é quando alguém sinaliza elogios ou críticas. Sentir-se rejeitado é sentir-se sem espaço, sem acesso, ilhado, à espera das senhas salvadoras e, assim, as imagens são construídas e mantidas.

Isolado, autorreferenciado e buscando fazer parte, buscando participar, nem que para tanto precise de mentiras, disfarces ou drogas estimulantes, o indivíduo vivencia a desintegração. Não ser integrado, não ser absorvido no contexto relacional estrutura rejeição. Desvalorizado e rejeitado, procura ser validado, procura significar, ser algo vivo. Aventurar-se em um relacionamento é sair do posicionamento contextualizado na rejeição. Por ser muito difícil, é necessária uma série de proteções, desde imagens e máscaras, até firmeza e afinco conferidos pelos esforços de conseguir ser aceito. Este esforço decorre de metas e por isso esvazia, enfraquece.

Na Psicoterapia Gestaltista, muitos questionamentos são feitos para quebrar as blindagens da não aceitação que protegem do medo de ser rejeitado. Isto porque, prévia e continuamente não sendo aceito, o indivíduo se posiciona como objeto.

Aceitar o que configura se sentir rejeitado é o início da mudança; enquanto tal não ocorre, continua a busca por mais aceitação – consequentemente sente-se mais rejeição –, mantendo a clássica postura de querer conquistar o rejeitador ao pensar: "ele me rejeita, percebe como sou imprestável; ele é bom, por isso vou conquistá-lo". Qualquer pessoa ou situação conquistada é desvalorizada, pois a conclusão a que se chega é: se fosse boa não seria conquistada. Essas situações ocorrem, às vezes, nas vivências entre mães e filhos. Frequentemente a mãe rejeitadora é percebida como uma grande mãe, seus distanciamentos e rejeições sendo explicados pela perfeição com que executa seus trabalhos e tarefas domésticas ou também justificados pelo fato de ser uma vítima da violência paterna, da injustiça social.

Pensamento como prolongamento da percepção

Tudo que conhecemos, todo nosso sistema relacional, é perceptivo. A percepção – tato, visão, audição, olfato, gustação – é o que permite o contato, o encontro, o relacionamento com o que está diante e além de si mesmo. Transformar essa evidência, esse dado relacional, em dado cognitivo, em consciência, é possível desde Edmund Husserl, por meio do conceito de consciência, de intencionalidade, que para ele era a relação entre sujeito e objeto.

Considero (neste ponto divirjo de Husserl) que é por meio da percepção que se estruturam o sujeito e o objeto; o ser humano não é sujeito nem objeto, ele é ser humano que a depender da própria percepção se configura em sujeito ou objeto. Não é o fora e o dentro, é o que está diante configurado pela relação perceptiva. Não há uma preexistência dos processos perceptivos: o que existe é um relacionamento, um encontro que é percebido. O conhecer que conhece, o perceber que percebe, é a constatação que permite denominação, permite categorização.

Percebendo que se percebe se tem condição de construir redes de conhecimentos, se tem condição de ter dados para arquivar – memorizar. Esse simples perceber que percebe, constatar, arquivar, ou ainda, em linguagem corrente, ter consciência, conhecer o conhecido e relacioná-lo é o que constitui a vida psicológica, vida cognitiva, a inteligência – os contextos relacionais. Não há mente, consciência ou qualquer outro dado prévio para explicar esses acontecimentos, essas propriedades intelectivas. Ao fazer essa afirmação, sabemos que estamos explicando todo o conhecimento como dado relacional, diferente do estabelecido pelas célebres dicotomias entre sujeito e objeto. Afirmamos que essa é a única maneira de romper o antagonismo clássico da Filosofia entre *res cogitans* e *res extensa*. Não há mente, não há subjetividade determinante do perceber, nem objetividade configuradora do mesmo; o que existe é uma relação configuradora de percepção, de vivências, exercida por indivíduos, por seres no mundo.

Além das dificuldades inerentes aos processos de unificar paradoxos, questões mais cruciais surgem quando são estabelecidas as implicações desses conceitos fundamentais da relação ser-no-mundo como dado cognoscível, relacional. Vejamos, por exemplo, o que se chama de pensamento, imaginação e fantasia, questões estas que possibilitam também as abordagens do que se chama de cogitação, representação e simbolização.

Pensamento é o prolongamento do percebido. Pensar é ir além, é continuar o percebido, dele partindo. Não existe pensamento como função autônoma, cerebralmente localizada. Em um mundo onde o psicológico era descrito e conceituado como resíduo de consciência, que por sua vez era criada como aparência de cognoscibilidade, resíduos de razão, pensar era visto como dado intelectivo – gerado pelo intelecto – sinonimizado como mente, capacidade de armazenar, entender e produzir intelecção. O intelecto, a mente, era em última análise a razão, característica que nos diferencia dos irracionais – dos animais. Pensar era assim visto como processamento dos dados mentais, realização da função intelectiva; desse modo, o que interessava era o que aparecia – o pensamento, sob forma de razão, exemplificadora da supremacia humana, resultante de sua evolução na escala biológica – o homem como um ser superior ou como a criatura evidenciadora do seu criador, de Deus, com seus desígnios de livre-arbítrio e humanidade. Nessa visão, pensar é expressar o que se tem de intelectivo, de função mental, de consciência.

Abolindo este posicionamento reducionista, de mente ou intelecto, e admitindo que tudo é relacional, entendemos de outra forma: pensamento é prolongamento da percepção; percebe-se e, quando se prolonga isso graças à memória, à categorização ou à percepção da percepção, pensa-se. O pensamento pode ser uma mera reprodução, consequentemente, representação dos dados perceptivos, indo além dos mesmos para estabelecer novos critérios e parâmetros equivalentes ao que se denomina imaginação. Pensar em um animal não existente, formá-lo com patas e corpo de cavalo, asas de pássaro, nariz lançando fogo e chamá-lo de dragão, é um pensamento, chamado de fantasia e imaginação (ampliação, extrapolação perceptiva), que reúne várias percepções arquivadas, vários dados de memória. Prolongar a percepção desse dragão, ampliá-la e pensar sobre suas possibilidades e necessidades, cria novos prolongamentos perceptivos, novos pensamentos acerca do percebido que pode configurar o que se chama imaginação, fantasia, simbolização.

Real, simbólico, imaginário, fantasiado são aspectos da mesma face. Deter-se no olho e imaginar sua função, simbolizá-lo como veneno ou fertilizante (bom ou mau), símbolo de vida ou de morte, é ir além do percebido. Esse prolongamento cria novas dimensões, nas quais distorções (símbolos) e representações substitutivas e indicativas se impõem. São desdobramentos, camadas, infelizmente confundidas e consideradas novas situações pelos dualistas e elementaristas. O que existe, como será percebido e constatado (percebido que se percebe), dependerá das redes relacionais individuais, dos contextos. Ao perceber que se percebe vem a constatação e, prolongando-a, estrutura-se o pensamento. Cotidianamente, quase não existe pensamento; percebe-se, constata-se. Quando se pensa é porque não se é capaz de globalizar o que ocorre, então se representa, coloca-se em outras redes perceptivas e, apenas ao se conectar com situações anteriores, prolonga-se as percepções – pensa-se –, preenchendo os espaços vazios, pontilhados de fragmentação vivencial. Ao se deter em alguma percepção, em alguma constatação que cria dúvidas, dificuldades, surpresas e insegurança, prolonga-se os dados perceptivos. Pensa-se a fim de entender o que ocorreu, surgindo questões de conhecimento, de percepção, quando se quer resolver problemas paradoxais do dia a dia ou dos processos teóricos.

Para pensar, basta prolongar os dados perceptivos: o dia a dia, o relacionamento pessoal, da escola à sociedade, já responde tudo. Pensar é quase sinônimo de divagar, cogitar, duvidar. Dizer que tudo é estruturado e contextualizado na percepção pressupõe sempre um sujeito que percebe. Admitir isso não é uma reedição de Descartes que, ao instalar o cogito, o sujeito pensante, realiza uma explicação metafísica e idealista do conhecimento. O processo perceptivo é o dado relacional, não está localizado no sujeito, nem no objeto; sujeito e objeto são polaridades, o que é completamente diferente da afirmação subjetivista de Descartes.

O homem-está-no-mundo, esta é a totalidade, a *Gestalt*. Não se pode falar de um homem, tampouco de um mundo, como existências separadas. A totalidade é homem-no-mundo. O contexto relacional do ser-no-mundo, esta estrutura, pode ser percebida e discutida ao prolongar a percepção – pensamento –, saindo de seus referenciais constituintes. Essa transcendência aos mesmos permite configurá-los: é a totalidade, a relação ser-no-mundo, com suas diferenças e igualdades. Isto é o que é ser objeto ou ser sujeito, encontro estruturador da totalidade ser-no-mundo. As diferenças surgem quando dela nos destacamos e passamos a ser sujeitos, polos de outras totalidades, outras relações. Ela é então percebida, constatada e pensada como objeto.

O homem é o único ser vivo que realiza essa transcendência, essa constatação, esse afastamento temporal e espacial, que prolonga suas percepções além dos níveis contingentes. É por isso que pensa, conjectura e questiona ao estabelecer oposição e paradoxos.

Conceituar o pensamento como um dado, uma característica intelectiva, mental ou racional é continuar buscando causas para explicar e determinar as diferenças individuais e orgânicas em função de seus resultados comportamentais. É uma atitude teleológica, contingente, que não consegue apreender as possibilidades relacionais humanas. Em psicoterapia, as implicações dessa atitude são infinitas. Pensar que neurose, problemas psicológicos, não aceitações, complexos, descontinuidades, pensar que as variações humanas decorrem do fato de o homem se adaptar, ou não, às vivências iniciais com o pai ou mãe – ou de como ele é envolvido por fantasias culposas e incestuosas – é inventar, distorcer acerca do relacionamento com o outro. É transformar os polos sujeito e objeto em referenciais e contextos determinantes dos processos relacionais, consequentemente quebrando a unidade relacional. Dentro dessas conceituações terapêuticas surgem confusões e distorções imensas. Dizer que a culpa é "fator de reparação" (Melanie Klein), conceituar a percepção do mundo, do outro e de si mesmo, como projeção de desejos, realidades e fantasias inconscientes, transformar o que se percebe em projeção, em expressão do que se fantasia, vivencia e imagina simbolicamente, nega toda condição relacional humana. É imaginar, conceituar o homem como receptáculo, como mente, como intelecto e função inconsciente.

Pensar é prolongar percepções. Não se aceitando, autorreferenciando-se nos próprios limites e referenciais, no abismo das metas e desejos, resta perceber-se só, isolado, precisando de ajudas e pontes, acessos para a realização. Quanto mais se tenta, mais se consegue ou menos se consegue, mais se esvazia ao se distanciar dos estruturantes da situação problemática. Buscar soluções fora do problema é uma maneira de não resolvê-lo. Ao não se aceitar, é necessário aceitar que não se aceita – única mediação, única antítese válida para mudança. Qualquer coisa que se aproxime disso, que represente ou retrate isso, é deslocamento, desde que é um outro X' e não X, antítese ao deslocamento do colocado, não ao colocado. Todo trabalho terapêutico consiste em estabelecer antíteses às estruturas configuradoras do processo de não aceitação. Fazer todo o necessário para mudar não leva à mudança, apenas é uma espera, uma meta, um desejo, um deslocamento. É preciso se deter no que é posicionado, no que não possibilita mudança, no que impede. Se deter é diferente de querer se livrar. Vivenciar as implicações dos próprios processos, sem negá--los, é a única maneira de transformá-los. Perceber o que acontece enquanto divisão, enquanto o que problematiza e infelicita, possibilita apreender a própria dimensão. Esse encontro é transformador. Essa percepção conduz à constatação que gera satisfação (aceitação) ou insatisfação (não aceitação).

Realizar o que se aceita e esconder o que não se aceita vai criando divisão, descontinuidade. Neutralizar o que foi dividido restaura a unidade. É muito fácil distorcer, explicar e justificar as divisões criadas pela impossibilidade de categorização de seus processos, tanto quanto a explicação de ações, de influências alheias ao indivíduo, a seus próprios processos, quando se utilizam vias mágicas – divinas – que se sistematizam por razões objetivas em realidades econômicas, sociais etc.

A questão, em psicoterapia, é recuperar as possibilidades humanas relacionais e entender o que as neutralizam. Infelizmente, em alguns casos, os seres humanos ficam reduzidos à condição puramente biológica, orgânica. Nesses casos, só haverá recuperação das possibilidades relacionais se os resquícios delas permitirem ao indivíduo um questionamento à manutenção da sobrevivência. Pedófilos, necrófilos, proxenetas, massacradores dos outros nas suas mais diversas formas: sexual, política, profissional, comercial, entre outros, exemplificam essa coisificação, essa sobrevivência orgânica do humano. Pensar é fundamentalmente questionar por meio do prolongamento da percepção, que aponta novas direções, novos contextos geradores de novas percepções, novos pensamentos. Quanto mais ajustado, mais comprometido, mais submetido a regras e limites de conveniência e vantagens, menos pensamento não padronizado, menos descoberta, menos criatividade, menos espaço e liberdade. Não é o sujeito que pensa, que percebe: é a relação sujeito/objeto – esta totalidade – que permite percepção, pensamento.

Insistir nessa questão é importante para não cair em dualismo, nem na metafísica causalista e responsável pela invenção de categorias facilitadoras: intelecto, vontade, mente, inconsciente, alma. O ser é a possibilidade de relacionamento. Podemos falar em possibilidade de relacionamento como o estruturante do que se considera humano. Os animais também exercem essa possibilidade, também percebem, entretanto não vão além de seus limites estabelecidos e estruturantes. A transcendência dos mesmos é exclusiva do humano, principalmente feita por meio do questionamento (antítese) e da comunicação e expressão do que percebem, da comunicação em nível transcendente, isto é, pela constatação, pela percepção da percepção.

O pensamento como prolongamento perceptivo (estabelecendo ligações entre o percebido) é um conceito comprovável através da observação do comportamento humano. As pessoas pensam sempre sobre o que elas percebem e suas decorrências. É com a linguagem que se comunica e se expressa. Pensa-se em função de contextos, motivação e referenciais expressivos de vivências a comunicar. O chamado pensamento filosófico, científico, é sempre expressão de uma estrutura relacional – social e histórica. Pensamentos inovadores são aqueles que, ao prolongar contradições e antíteses, atingem sínteses ainda não contextualizadas, assim desenvolvendo os processos relacionais. O novo de hoje será o velho de amanhã. Interseção de pensamentos, de explicações, se não forem desemaranhadas, reconduzidas a seus estruturantes, limitam, posicionam e distorcem a continuidade dos processos. Pensar o homem como soma de corpo e alma, verdade inovadora para o século XVII, hoje é manutenção de antigas dicotomias, por exemplo. Quanto mais questionarmos nossas percepções, mais ampliamos nossos contextos, mais transcendemos os limites e, assim, globalizando as contradições podemos perceber, de maneira nova, unidades anteriormente camufladas por divisões obscurecedoras.

Pensar o problema da não aceitação, a neurose do cliente, é possível quando são percebidos seus referenciais estruturantes, sua maneira de se relacionar com limites e transcendê-los.

Trabalho psicoterápico[4]

Neurose[5] é a não aceitação geradora de posicionamentos, geradora de não aceitação da não aceitação, de fragmentações estruturais, divisões relacionais, de quebra de continuidades do estar-no-mundo com os outros e consigo mesmo. O ser humano, durante confrontos e constatações relacionais, evidencia não aceitação ou aceitação de suas percepções e situacionamentos.

A Psicoterapia Gestaltista, com o conceito de não aceitação, explica os posicionamentos responsáveis pelo autorreferenciamento gerador de impermeabilização e impossibilidades relacionais. Não aceitação é uma das atitudes básicas da neurose, ela é o saldo negativo do que é avaliado, tanto quanto pode ser seu saldo positivo. Nesse sentido, o problema é a atitude de avaliação. Ao avaliar, faz-se um destaque, uma pausa nos fluxos relacionais, consequentemente, uma divisão entre sujeito e objeto. Essa divisão fragmenta, pontualiza. Os polos (sujeito-objeto) de uma unidade – ser-no-mundo – são transformados em posições, pontos de polarização e dispersão. Esse novo desenho

---

[4] Parte deste capítulo foi originalmente publicado na Revista E-PSI - Criação, Questões e Soluções da Psicoterapia Gestaltista.

[5] Continuei usando o termo "neurose" pois já está consagrado na literatura psicológica; apesar de ser o responsável por essa divulgação, o próprio Freud (1948) criticava a defasagem entre seu significado literal (desordem nervosa) e seu emprego na psicanálise como transtorno psicológico.

cria uma geometria na qual apenas existem pontos de convergência e de divergência. Está montado o autorreferenciamento, a tautologia se impõe. Tudo é percebido em função do eu, do sistema construído para convergências e divergências.

As possibilidades relacionais foram circunstancializadas: são valoradas e percebidas em função do que soma ou do que diminui, do que é bom ou é ruim, do que converge ou diverge das próprias referências. Convergência e divergência são mutáveis em função de circunstâncias; o único permanente e fixo é o próprio sistema de avaliação. Imagens, padrões, regras, medos e desejos sinalizam os caminhos a percorrer ou evitar; o autorreferenciamento aumenta, os recursos de avaliação também. As relações consigo mesmo, com o outro e com o mundo são avaliadas – é a verificação necessária para atender os procedimentos seletivos – e, assim, o próprio eu, o outro e o mundo viram carcaças de onde o vital foi extraído. Tudo foi filtrado, não há mais o que filtrar.

Aceitar o que não se aceita é a percepção que surge durante e depois do processo psicoterápico de questionamento e globalização da não aceitação.

Aceitar que não se aceita é conviver com os próprios limites, com o problema e, assim, ao se deter e se relacionar com o que não se aceita, cortam-se os deslocamentos engendrados pela não aceitação e responsáveis por metas e imagens. É uma vivência de inconveniência, de perda, de proteções retiradas que deixam tudo exposto, em carne viva. Esse processo pode recriar a não aceitação da não aceitação, agora bem mais estruturada, pois a psicoterapia foi transformada em andaime, luz indicadora. Na dinâmica da não aceitação da não aceitação, se quer eliminar inconveniências e manter conveniências. Recriam-se os valores, as avaliações, os destaques e o processo desumanizador recomeça; a psicoterapia deve ser cooptada ou destruída, abandonada, pois é percebida como aliada ou inimiga. Freud (1948) chamou isso de transferência, resistência, mecanismo de defesa e de destruição; ele via, nesse processo, a fatalidade instintivo-biológica do indivíduo, expressão da força motriz da libido ou do instinto destrutivo – Eros e

Tanatos. Eros, deus do amor na mitologia grega, e Tanatos, a morte, foram usados por Freud para designar as pulsões de vida em oposição às pulsões de morte. As pulsões podem ser entendidas como instintos de vida *versus* de morte, cujo processo dinâmico empurra o organismo em direção a um objetivo.

O todo não é a soma de suas partes, o processo não é pontualizado. Para mim, quanto mais esvaziado, posicionado, refém de seus sistemas de filtragem/avaliação, mais sucumbe o indivíduo enquanto possibilidade de relacionamento, mais se exalta o indivíduo na manutenção do que consegue e espera conseguir para satisfazer suas necessidades restauradoras.

A sociedade, em certo aspecto, é uma vitrine na qual são expostos o que se consegue e o que se pode conseguir, dos adereços às metas; ela se constitui em uma sugestão graciosa para vencer, melhorar, realizar. Tudo pode aplacar o vazio, a dor, o medo, o desejo; basta ter a senha de acesso: dinheiro, poder, influências. As consequências são: não aceitação aplacada, mais necessidade de avaliação, mais não aceitação, mais desumanização. Todo relacionamento gera posicionamentos, geradores de novos relacionamentos e assim indefinidamente.

Antítese, impactos psicoterápicos resgatam e podem mudar esse esvaziamento desde que sempre estejam ultrapassando os posicionamentos gerados pelo processo.

A psicoterapia reorganiza, abrindo assim perspectivas, reintegrando as possibilidades relacionais ao dia a dia conturbado pela contingência, pelas necessidades, estruturando aceitação da não aceitação responsável pela abolição de limites e de obstáculos. O ser humano está no mundo com possibilidades, necessidades, caminhos, direções, limites, questionamentos e motivações a serem enfrentadas, realizadas ou abandonadas.

Psicoterapia é diálogo, é questionamento, é relacionamento. São dois seres humanos que se defrontam, que se encontram.

Ser psicoterapeuta é uma forma de ser no mundo com o outro. Não acredito que exista uma função psicoterápica, não vejo os processos relacionais em função de resultados, embora saiba que a profissão que exerço tem uma estrutura socioeconômica bem delineada, funcionalmente especificada. Para mim, o que caracteriza o psicoterapeuta é a maneira como ele percebe, o que ele expressa – fala e comunica – como ele se estrutura, quais seus posicionamentos. Sempre tive um enfoque teórico, conceitual, por achar que só a partir daí posso perceber globalmente o outro que está comigo enquanto cliente. É esse enfoque teórico que me permite perceber o outro não como meu semelhante, pregnantemente, mas sim como uma queixa, uma dificuldade, uma mágoa, uma incapacidade, uma possibilidade não realizada, contingenciada, limitada por necessidades, um posicionado diante de mim. (Campos, 1993, p. 127)

Sincronização, aceitação e não aceitação

Para o ser humano, o que traz tranquilidade, bem-estar, satisfação é estar vivenciando o que ocorre sem avaliar, o que só é possível enquanto vivência do presente no contexto do presente. Qualquer referencial de passado ou de futuro (desejos, expectativas) desencadeia reflexões comparativas, consequentemente avaliações. Mesmo os acontecimentos ditos desagradáveis, tristes e lesivos são tranquilamente vivenciados quando se está inteiramente participando do que ocorre. Em uma guerra, por exemplo, quando se está mergulhado nela, não há lugar para o medo. Escalar montanhas, fazer canoagem em precipícios são outras situações nas quais também não há lugar para o medo, só existem a satisfação e o prazer de ali estar.

Estar sincronizado é estar em movimento, é não estar posicionado. Integrado ao que acontece, o indivíduo estrutura aceitação, disponibilidade, motivação, ânimo, o que se traduz por coragem, liberdade e participação. Esperar o resultado e saber onde se adequar são responsáveis pela quebra da continuidade. Coagular em regras, imagens, responsabilidade, funções e aparências é se transformar em massa inerte que apenas estabelece ligação, pontes entre as coisas. Quando se acredita que a vida é sofrimento e também que ela é prazer, ou é possibilidade de evoluir, se cria destaques e interrogações.

Estabelecidos os pontos de referência, o indivíduo começa a escolher, decidir e executar. Não há sincronização. Perceber que a vida, que tudo consiste em continuar sincronizado com o que ocorre, sem metas nem valores, é tranquilizador, realizador, integrador.

Existem pessoas que se percebem cheias de desejo, que querem várias situações propiciadoras de felicidade e segurança, mas que se sentem sem condições de ter o que desejam, embora percebam que podem estabelecer estratégias para conseguir o desejado. Dedicam-se a esse propósito, a essa meta e, consequentemente, o que ocorre – o presente – só lhes interessa enquanto passagem para o que vai ser conseguido – o futuro. Essas pessoas preenchem seu dia, amealhando sinais e condições para chegar ao que desejam; a consequência desse processo é que nada as atinge, vivem impermeabilizadas. Motivam-se pelo que vai realizar seus planos, suas metas: pensam no que vão comprar ou no que vão construir ou destruir, até mesmo na queima do obstáculo aos seus propósitos, não lhes interessando se são objetos ou pessoas. Desse esvaziamento, dessa desumanização, vem a insatisfação, vem o medo resultante de não participar, não vivenciar o presente. Nas ditas síndromes de pânico, esse processo é nítido. Para essas pessoas, os outros são artefatos, instrumentos para realização de seus planos. Elas se sentem sozinhas, precisando sempre de alguém que lhes dê proteção e segurança, tanto quanto precisam que seus objetivos, seus sonhos, sejam realizados.

Perceber que vida, prazer, bem-estar, segurança nada mais são que exercer a dinâmica, não estagnar o movimento, estar sincronizado com o que acontece, faz o indivíduo realizar-se como ser no mundo, podendo aceitar contingências e limites como contextos em lugar de percebê-los como obstáculos que atrapalham ou incentivam a realização de metas e propósitos.

Romper os posicionamentos é a maneira de realizar sincronização; entretanto, nem todos posicionamentos podem ser rompidos, pois alguns são as bases orgânicas necessárias. Não há como sobreviver sem comer, sem beber, sem dormir, por exemplo. A dor física, a doença curto-circuita as possibilidades relacionais. Quando isto acontece fica difícil transcender os posicionamentos, mas, em seguida, se não houver colapso, morte, podem ser recuperadas as possibilidades de transcendência.

Perceber a dinâmica de ser-no-mundo-com-o-outro e aceitá-la, permanecer na impermanência como polaridade relacional, é o que confere individualidade, autonomia, humanidade.

Os processos de não aceitação ou de aceitação são estruturados na relação com o outro. Desde que se nasce, há ao redor outro ser outros seres. Perceber o recém-nascido (Figura) pode estar contextualizado nos próprios referenciais do percebedor, em suas demandas, obrigações, compromissos e disponibilidade ou nos referenciais do contexto do recém-nascido. Perceber o outro em seu próprio contexto é destacá-lo dos referenciais do percebedor. Quando esse destaque não acontece, a percepção do outro está subordinada – é a Figura destacada do contexto do percebedor. A continuidade desse processo despersonaliza, esvazia, pois tudo o que é estruturado tem como base outro referencial – nesse sentido, o diferente de si mesmo. O outro como semelhante só existe quando não foi o estruturador da base, o suporte, não foi o Fundo responsável pela percepção. Perceber o recém-nascido, como recém-nascido, é diferente de percebê-lo como filho, como o que tem que ser cuidado ou desprezado.

Esgotar a percepção no aqui e agora, no presente do dado relacional, não pensá-lo (prolongá-lo) pelo contexto passado ou futuro permitirá convergência relacional. Essa convergência cria um contexto, uma relação que passa a ser a base do percebido. O outro é o Fundo que permite estruturar a Figura; o indivíduo passa a ser o que o outro lhe possibilita ser e não o que o outro deseja que ele seja. Uma das resultantes desse processo é o destaque, a unidade. Inteiro, o ser humano está no mundo, realizando suas necessidades e possibilidades relacionais, processo este bem diferente do que ocorre quando se tem como Fundo estruturante as demandas, desejos e realidades do outro, criador de estruturas divididas.

É quase impossível ser estruturado como inteiro, como estrutura independente dos desejos e realidade dos outros. Essas dificuldades, limitações relacionais, criam movimentos de aceitação e não aceitação. Geralmente as vivências iniciais dos processos de aceitação e não aceitação são estabelecidas no seio da família e se caracterizam por se sentir centro ou periferia, convergência ou divergência das atitudes do outro. Ser filho único não garante essa convergência, pois o único vira múltiplo a depender do contexto em que é percebido; às vezes, ele tem de rivalizar com cadeiras, plantas, animais de estimação ou fotografias. A questão relacional não é apenas quantitativa. As convergências relacionais podem ser de aceitação ou de não aceitação.

As vivências de aceitação ou de não aceitação estabelecem continuidade ou descontinuidade em função das estruturas unitárias ou fragmentadas que a suportam. Quanto mais divisão, quanto mais fragmentação, mais enquistamento, mais posicionamento. São assim criados os referenciais avaliadores, verificadores das possibilidades e impossibilidades. Esse processo de avaliação é também o processo da alienação de si mesmo em função do que vai ser aceito, valorizado ou vai ser desvalorizado, não aceito.

Essa constituição pela aderência, pelo resultado, esvazia à medida que deixa o indivíduo à mercê das contingências, das circunstâncias. Ele passa a ser o que lhe é permitido, ou ainda o que suas estratégias e buscas permitem alcançar. Ao acontecer isto, o mais importante não é o que é vivenciado – o presente – mas sim o que se sonha, imagina ou precisa conseguir ou evitar, fugir. Todo processo é transformado em habilidade, adequação e ajuste ou desajuste, realizando-se assim a sobrevivência como realização ou frustração de necessidades. Essa adaptação, essa desadaptação, transforma o ser humano em uma massa a ser manipulada, educada, considerada ou desconsiderada conforme as realidades situantes, aderentes.

Os processos de adaptação/desadaptação são mantidos pela avaliação, pela conclusão da conveniência e inconveniência. Padrões passam a ser os referenciais dialogantes, passam a ser o que possibilitam descobertas. Acertar ou errar é caber ou não caber nas bitolas oferecidas: esta é a questão, este é o problema. Novamente a aderência, o alheio ao vivenciado, é determinante do mesmo. É comum aceitar ser rejeitado, aceitar ser discriminado desde que seus suportes de sobrevivência sejam mantidos. Para esse indivíduo, o importante é se manter para conseguir superar o que considera inferiorizante, rejeitável. Empenhado em destruir, limpar ou esconder o que em si mesmo considera rejeitável, ele se divide, ele luta contra ele próprio, conseguindo assim manter sua não aceitação e também conseguindo escondê-la através de disfarces e sucessos adequados. Adequação é ajuste, padronização, circunstancialização; é também bem-estar, segurança, isto é, estabelecimento de bases para suporte e contenção. O mesmo acontece com a desadaptação, a inadequação, que é o desajuste ao padrão X e ajuste ao padrão Z, mas que é também bem-estar, segurança, isto é, estabelecimento de bases cujos suportes se caracterizam, em alguns casos, pela imobilidade, pelo colapso. O processo é o mesmo, as direções é que suportam valorações diferentes – positivas ou negativas em função de padrões que se quer manter ou destruir.

Muitas vezes, ser rejeitado e aceitar a rejeição é a maneira de conseguir o mínimo de ajuda e participação do outro para sobreviver. Nessas situações, sobreviver é tudo que interessa, melhorar as condições de sobrevivência realizando desejos e obtendo prazer é o que importa: é adequação, adaptação e é também o que não realiza as possibilidades humanas, embora realize suas necessidades biológicas. É o que cria submissão, alienação.

Para o ser humano, não basta sobreviver, pois assim o processo de desumanização se instala. As possibilidades relacionais, as constatações do processo e os questionamentos estabelecem transcendência aos limites e referenciais. O homem se transforma e é transformado por meio da percepção de seus próprios limites, da ampliação e superação dos mesmos. Ele cria artefatos, instrumentos responsáveis por modificações estruturais em sua paisagem mundana. É a roda, é o arco, avião e satélite que embora voltados para a sobrevivência vão muito além dela. Ir além, supor o eterno, o incomensurável, imaginar absolutos (Deus, tecnologia, ciência) são maneiras de ampliar horizontes, de modificar paisagens. Transformar o real em matéria-prima de sonhos, crenças, ilusões, medos, desconfiança e certezas é um processo exclusivamente humano, resultado do perceber que percebe, do categorizar, do viver em uma dimensão temporal maior que a possibilitada pelas urgências orgânicas.

O homem prolonga as suas percepções – pensa – conjectura, reflete, decide, expressa e comunica suas vivências, vence o tempo e o espaço escondido, desconhecido, vai além de si mesmo. Quando esse processo é convertido e esgotado na sobrevivência, sobram possibilidades que aparecem sob forma de resíduos: depressão, fobias, maldade, crueldade.

Sistemas sociais e familiares limitadores obrigam o referenciamento das possibilidades humanas em função de regras e valores excludentes, criando assim seres fanáticos, absolutizados por regras, proibições e crenças. O período da inquisição, o nacional-socialismo alemão, a era vitoriana, o regime stalinista são alguns exemplos de como sobreviver pode ser expressão de aprisionamentos cruéis e destruidores de tudo que não se encaixe no estabelecido.

As psicoterapias existem para reconduzir o homem à sua humanidade ou, às vezes, ao valorizar apenas sua sobrevivência, levá-lo a se adequar, adaptar às ordens reguladas pelos poderes reinantes. O ponto de ligação entre o homem, sua humanidade e o sistema social, familiar e político que o situa é feito pela autonomia. Não havendo autonomia, surgem cooptação e submissão. A vivência da cooptação, da submissão gera não aceitação que, mesmo quando percebida como rejeição cabível, é alienadora, despersonalizadora. Aceitar ser rejeitado, ser discriminado por falhar em atingir os níveis dos ditos melhores (ricos, belos, saudáveis, ou seja lá o que for) é se considerar fraco, incapaz e inferior. Essa aceitação é submissão, acomodação.

Submeter-se, acomodar-se é diferente de aceitar-se. Na acomodação, a vivência é fundamentalmente de isolamento, de solidão, de não ser considerado, não merecer atenção. Acomodar-se, submeter-se é a ponte, o meio que vai permitir alguma comunicação, algum relacionamento. Para que haja aceitação é necessário que o outro seja percebido, que o isolamento seja rompido, que o outro perceba o que está diante dele como algo que não é estabelecido, construído por ele, que perceba o outro em seus referenciais e não a partir dos seus próprios; é equivalente ao início do processo relacional – recém--nascido percebido pelo outro enquanto recém-nascido ou ponto de confluência de inúmeras contingências representadas por medos e desejos, por exemplo.

Viver com inúmeros objetos em volta e de repente perceber que algo se move, que existe um outro, é humanizador. Relacionamentos são estabelecidos a partir de bases, padrões, posições que permitem relação: por exemplo, ao existir confiança, pode-se, consequentemente, estabelecer relacionamento. Sempre um prévio, um anterior que, ao ser exercido, aprisiona disponibilidade. Os relacionamentos entre pessoas, na maior parte dos casos, não passam de acertos, de concessões. Essas conveniências determinam a felicidade e a infelicidade. Essa regra é tão forte que se acha que tudo depende dos arranjos, dos acertos, do que é igual em poder, do que é semelhante em crenças ou diferente e contrastante, mas que pode harmonizar.

Quanto mais regras, mais aprisionamentos. Sem liberdade, não há realização de possibilidades; a existência humana se converte em uma busca, uma jornada para realizar responsabilidade, deixar continuadores, estabelecer bons exemplos, bons padrões. Tudo isso é fundamental e necessário, mas não realiza o humano. Só por meio do continuar, sem nada que fragmente, que imobilize, é possível ser humano. Isso é cada vez mais difícil de acontecer, pois o outro despersonalizado, massificado, existe para submeter, para subjugar, cooptar, posicionar, tentar realizar, satisfazer.

O abismo engole as possibilidades humanas. O antes e o depois, o porquê e o para que, os endereçamentos, conveniências e convivências criam brechas, espaços de estrangulamento; por isso o medo, a depressão, a ansiedade e fobias, geralmente enfrentadas com barganhas, negociações, compra e venda, são responsáveis por adaptação e desadaptação, alienação pelo bem ou pelo mal.

Disponibilidade é a maneira de romper o círculo do contingente, do necessário do comprometido. Disponibilidade é o romper de compromisso, regras, metas e apoios. Ela só é possível pela autonomia, resultante de se aceitar, de aceitar que não se aceita. Enfrentar o limite, aceitar o vazio é estruturante de disponibilidade, restaurador de humanidade, da alegria e satisfação de ser no mundo com os outros, sem medo, sem esperança, sem coisas a defender, preservar ou salvar, sem coisas a abandonar ou alcançar. Essa atitude disponível, resultante de autonomia, não pragmática, não avaliadora, permite integração, participação, contemplação e felicidade.

As possibilidades relacionais humanas são infinitas e é a partir desse referencial que podemos entender o comportamento humano nas suas mais variadas dimensões. As principais abordagens psicológicas de inspiração psicanalítica, mecanicista, elementarista e dualista criam mosaicos nos quais se estabelecem posições, bases para atuação e explicação do comportamento. Por exemplo, a afetividade é um referencial criado para explicar as atitudes de carência, raiva, ódio, medo, amor. As explicações dessas características, dessas atitudes humanas, são feitas principalmente por esquemas biológicos, instintivistas. O conceito de energia sexual, libido, prepondera tanto quanto algumas abordagens psicológicas recorrem aos conceitos de aprendizagem e condicionamento para explicar a raiva, o medo, o ódio, o afeto, enfim, é a teoria das emoções de base cognitivista ou as resultantes das teorias freudianas e de suas variações. Nessas teorias está sempre implícita a ideia de função exercida ou falhada, seja por repressão, seja por condicionamento ou aprendizagem.

Afirmo que afetividade, emoção estão estruturadas nas possibilidades relacionais humanas ou nas suas necessidades relacionais. Quando estruturada nas possibilidades relacionais, o outro, o mundo, é o estruturador; quando estruturada nas necessidades relacionais, o orgânico prepondera. Estar contido nos referenciais biológicos limita o exercício das possibilidades humanas, tudo fica contingente, limitado pelas demandas de conveniência e necessidade. O possível, a possibilidade sempre contida, é avaliada e limitada em função dos referenciais de sobrevivência.[6] Transformada essa possibilidade relacional em necessidade de afeto, de atenção, de ser considerado de algum modo, cria-se medo (omissão), vivencia-se falta de afeto (carências) e apegos, dependências ao que supre. Esse processo de não aceitar não ser aceito estabelece divisões. Uma das maneiras de manter sob controle o dividido é pela constante avaliação do que se está conseguindo de bom resultado, de necessidades satisfeitas, de carências preenchidas. Esse conta-gotas vivencial, quando obstruído, gera irritação, raiva e ódio.

Ter necessidades satisfeitas e, de repente, sentir esse processo ameaçado causa medo de privação, vivência de falta, desencadeadora de ódio, de raiva. O outro não mais submetido, distante cria e provoca raiva. Os ditos crimes passionais podem ser melhor entendidos nessa abordagem relacional. Não se ama, sente-se falta. É equivalente ao sentir fome ou sede, necessidade que precisa ser aplacada. O outro transformado em objeto, fundamental à sobrevivência como água ou comida, não pode faltar. Ao faltar, desencadeia vazio, solidão, despropósito originadores de depressão, dependência e ansiedade descarregada sob a forma de atitudes explosivas (irritação, raiva) e inconsequentes. A raiva é inconsequente à medida que é expressa, descarregada, não importa onde nem em relação a quem. Chutam-se cadeiras, quebram-se coisas, matam-se pessoas. Tudo pode ser utilizado para suprir a falta gerada pela carência, pela necessidade

---

[6] "A carência afetiva, dentro da conceituação gestaltista, é intrínseca ao ser humano, ao contrário do que ocorre em outras conceituações psicológicas – Psicanálise, por exemplo, onde a carência é entendida como resultante de um processo deficitário, de relacionamento afetivo, principalmente fundamentado no que se refere às figuras paterna e/ou materna... A carência afetiva configura o outro no sentido de possibilidade ou de necessidade de relacionamento. Sendo intrínseca, assumida, a carência possibilita o outro; caso contrário é uma barreira, começando o outro a ser uma meta, um obstáculo." (Campos, 1973, p. 52)

não atendida. Esse processo segmenta, posiciona. A frustração, a impotência e o medo são estruturados como referenciais, contexto autorreferenciado, explicativo e motivador do comportamento.

Buscar e evitar – luta-fuga – é o que caracterizará essa caça, essa busca para satisfação de necessidades. Caçadores e predadores resultam desses processos. Assim são configuradas as ditas emoções primitivas, arcaicas, infantis. É frequente o estudo desses comportamentos pelas explicações neurológicas. O sistema límbico é invocado e utilizado como responsável pelo comportamento predador, por exemplo.

Mais posicionamentos, mais dificuldades em apreender a dinâmica relacional, mais abordagens psicológicas comprometidas com referenciais negadores do humano. Nessas abordagens, a medicalização se impõe; a personalidade é neurológica, sua dinamização é feita pelos sistemas químicos, hormonais; neurotransmissores decidem o que se faz, pensa e sente. É a desumanização: as possibilidades foram transformadas em necessidades orgânicas.

Símbolo e distorção perceptiva

Simbolizar é resumir realidades, resumir o percebido. Perceber é a relação que estabelece a vivência do real. Admitir que a percepção é o fundante do real implica dizer que existe o que percebemos, não no sentido de que o real é criado pela percepção, mas sim na afirmação de que só existem os dados relacionais enquanto vivências cognitivas, psicológicas.

O psicológico é o perceptivo, o relacional; não significa que ele é o universo denso, físico, químico, geográfico etc. que nos rodeia, mas significa que só percebemos o que é objeto de nossa percepção e isto é conhecimento, relacionamento.

O homem não cria o mundo pela sua percepção; sua percepção é a relação estabelecida com seu mundo. Estamos, somos no mundo; esta totalidade (*Gestalt*) é nosso sistema relacional, perceptivo, significativo, vivencial.

Acreditar que temos um mundo que nos confronta ou que nos antecede é dicotomizar, elementarizar os processos relacionais psicológicos. Relacional, relação é um conceito alheio, estranho à psicologia, tanto à psicologia clássica, devido à influência associacionista e psicanalista, como à de base cognitivista, neurológica pelos seus pressupostos reducionistas, nos quais tudo se inscreve no neurológico, no orgânico.

Todas admitem existir relação, porém a consideram como resultados, trajetórias de configurações básicas, seja a adaptação ao meio ambiente, seja as configurações neurológicas ou as inscrições inconscientes.

Para mim, a unidade ser-no-mundo – homem, animal – estabelece relações segundo suas estruturas isomórficas perceptivas. Esse sistema relacional configura percepções. O ser humano, por características neurológicas – memória, traço da passagem de influxo nervoso de suas transmissões –, percebe que percebe, constata, conhece. Essas constatações são representadas em diversos contextos. Ganhando significados, passam a representar o percebido, a simbolizá-lo.

A representação, o símbolo, sempre possibilita distorção perceptiva, desde que é utilizado em contextos diferentes dos que o estruturaram. As vivências e impressões são empacotadas ao serem resumidas em ícones e símbolos. Freud foi mestre nessa arte, por exemplo, ao construir caminhos para interpretação dos sonhos. Ele criou categorias representativas, símbolos indicadores de problemáticas, chaves para decifrar as mensagens do inconsciente. Para ele, tudo que é pontudo é fálico, isto é, representa o pênis; enquanto o arredondado, receptáculo, cumpre a função simbólica de indicar o feminino, a vagina, o útero.

Lacan, tentando ampliar os conceitos freudianos, tomou emprestado de Levi-Strauss – da Antropologia – o conceito de função simbólica

[...] para designar um sistema de representação baseado na linguagem, isto é, em signos e significações que determinam o sujeito à sua revelia, permitindo-lhe referir-se a ele, consciente ou inconscientemente, ao exercer suas faculdades de simbolização ... O termo simbólico só foi conceituado à partir de 1953. Lacan então o inscreveu numa trilogia, ao lado do real e do imaginário ... Lacan utilizou em 1953 no quadro de uma tópica, o conceito de simbólico é inseparável dos de imaginário e real, formando os 3 uma estrutura. Assim, designa tanto a ordem (ou função simbólica) a que o sujeito está ligado, quanto a própria psicanálise, na medida em que ela se fundamenta na eficácia de um tratamento que se apoia na fala. (Roudinesco e Plon, 1998, p. 714)

Lacan assistiu a conferências de Levi-Strauss e ficou muito impressionado com o conceito de função simbólica. Para a Antropologia, conferir uma função simbólica aos elementos de uma cultura (crença, mitos, ritos) e lhes atribuir um valor expressivo é característico do próprio saber antropológico. Procurar indícios, juntar elementos e somá-los possibilitou as abordagens psicanalistas lacanianas. Simbólico, imaginário e real são os pilares para entender a vida psicológica. Lacan dizia: "se o homem fala porque o símbolo o fez homem, o analista não é mais do que o 'suposto mestre', é um praticante da função simbólica". Lacan diria, mais tarde "que ele é um 'sujeito suposto saber', seja como for ele decifra e fala, assim como um comentador interpreta um texto" (Roudinesco e Plon, 1998, p. 715).

Para Lacan, o símbolo é tudo, embora mais tarde construísse outra lógica, dando primazia ao real, portanto, à psicose em detrimento do simbólico e do imaginário.

Para mim, a representação da realidade, do percebido é o que a simboliza. Essa função representativa, indicativa, é também criadora de aderência. O símbolo estruturado em um contexto é utilizado para representá-lo, indicá-lo em outro contexto, é sempre aposto. Esse apêndice, essa aderência, resume uma série de configurações, criando clichês, parcializações usadas como totalidades, criando assim conceitos antecipados, ou seja, preconceitos. Ampliar resumos, reconstruir sentidos perceptivos, constatar referências limitadas e sacralizadas são características do processo terapêutico, dos questionamentos – antíteses responsáveis por mudança perceptiva. Perceber, por exemplo, que uma série de humilhações sofridas durante a vida e sempre significadas, simbolizadas, como tolerância e, que esta tolerância nada mais é que omissão, medo, luta para garantir lugares ou posicionamentos conquistados, esta constatação transforma a percepção que se tem de ser vítima em acumulador, em ganancioso. O símbolo geralmente é o amarrado, é o resumo do que precisa ser comunicado, mantido e mostrado, consequentemente ao realizar estas funções ele se inscreve em ordens aderentes, alheias aos processos que estão se dando. Perceber a realidade enquanto evidência é conhecer, relacionar-se com seus contextos, suas imanências estruturais. Percebê-la por meio de suas representações, símbolos e significados é percebê-la por suas aderências, de suas inúmeras relações com outras percepções, outras realidades, repetidas e arbitrariamente antecipadas.

Perceber o que ocorre, vivenciar o presente, é diferente de perceber que se está percebendo, o que se está vivenciando. Esse afastamento oriundo de constatação cria distância que, embora permita constatação – perceber que percebe – e categorização, traz novas perspectivas, modificações do dado. Essa diluição é responsável pelo surgimento de aderências. O significado, a funcionabilidade, o propósito, se instala. As percepções, o conhecimento é acrescido de outras percepções, conhecimento, constatações e relacionado com as infinitas direções processuais. Ao ampliar, perde-se concentração, o aderente passa a ser fundamentante de seus representados, é o símbolo. Quanto mais simbolização, mais representação e ampliação vivenciais. Essa constante ampliação cria fragmentação. A imanência dos processos relacionais não pode ser representada, simbolizada. É o deter-se no vivenciado, no percebido, que é responsável pela continuidade, pela sincronização, pelo presente. "Uma rosa é uma rosa, é uma rosa" – pensá-la como flor, ou como aglomerado de pétalas ou dádiva indicativa de amor, de apreço, é um acréscimo que ao beneficiá-la, torná-la mais útil, atravessa sua existência com significados, com aderências.

Um grande dilema humano é exatamente este: abrir mão da eternização do presente para poder sobreviver. Ao intercalar funções, consegue-se mesclas de sincronização e de incompatibilidades, formando-se, assim, estruturas divididas, fragmentadas, posicionadas.

Como ser unitário? Aceitando a reversibilidade dos processos, enfrentando as incompatibilidades sem se posicionar em certezas, em resultados, não se transformando em aderências criadas pela realização das necessidades e propósitos.

Limites são realidades percebidas; transformá-los em índice, em símbolo, é uma maneira de negá-los. Esse faz de conta só acrescenta camadas e proteções que, por sua condição de aderência, formam ocos, formam o vazio desvitalizador.

O viver deprimido é um resumo, um símbolo da incapacidade de se aceitar dentro de seus próprios limites, impossibilidade de mover-se de acordo com as suas condições, de aceitar as suas impossibilidades e dificuldades; é querer o que não se tem, fazer com que se motive para o além do que ocorre no presente, buscando o futuro, o depois, o que realiza desejos, o que pensa que trará felicidade.

Processo de estruturação da identidade – personalidade

O relacionamento com o outro, com o mundo e consigo mesmo é perceptivo. Percepção é a relação estabelecida que permite conhecimento, o perceber que percebe é a constatação, conhecimento denominado. Denominar é perceber que percebe, é saber que sabe. Dar o nome, denominar, é começar a organizar sistemas de referências. A linguagem demonstra, organiza o percebido, tanto quanto as relações perceptivas estruturam a linguagem, o nomeado. Falar é expressar a organização e o significado de relações percebidas.

Ao categorizar, recontextualizamos as percepções. Essa nova organização permite novas configurações, permite reorganização. Nessa dinâmica se estrutura e processa o pensamento, contexto necessário para o estabelecimento de linguagem. A linguagem é como se fosse o posicionamento das diversas relações. Além do percebido e de pensar sobre ele, o denomino, o nomino. A linguagem é o processamento do pensamento, consequentemente ela, a linguagem é estruturada pela percepção. (Campos, 2015, p.39)

A percepção do outro, do mundo e de si mesmo também se desenvolve segundo leis de Figura/Fundo e está submetida aos mesmos processos, mesmas leis que regem a percepção: boa forma, semelhança, proximidade, closura, destino comum, simetria.

O eu é um referencial. Perceber o próprio eu só é possível através do outro que é o espelho, ou o semelhante ou o padrão estruturante. (Campos, 2002, p. 56)
Sendo o ser a possibilidade de relacionamento, quando e como se estrutura a percepção do eu? Quando e como me percebo? Percebo como possibilidade de relacionamento, conheço mas não sei, não categorizo quem sou. Ao perceber que percebo, ao estabelecer este posicionamento, categorizo, sei que sou eu, me percebo. Este posicionamento é possibilitado pelo espelho e equivalentes, pelo outro ou pela memória. Não há percepção do eu enquanto presente contextualizado no presente, isto explica as vivências de estranheza em relação ao próprio eu ou a vivência do eu como outro. A posição eu possibilita reencontro, categoriação, familiaridade. Estabelece laços, relações, mantendo assim a possibilidade de relacionamento. (Campos, 2002, p. 56)

Meu semelhante é o igual – essa percepção tem como contexto, como Fundo, o próprio indivíduo que percebe. Relacionando várias percepções, categorizando semelhanças, organizando-as, estrutura-se a identidade, como ser semelhante, igual ao outro. Crianças começam comparando configurações explícitas, densas: cor da pele, olho, cabelo, tipo de roupa, mochila que carrega etc. A constituição da identidade por semelhança é sempre mediada por aderências. É frequente perceber o outro como semelhante ou diferente, como o que está próximo, junto. A diferença separa esses dados espaciais, cria distorção. As percepções antropomorfizadas da criança são semelhantes a percepções parcializadas dos fenômenos, nos quais as lacunas são completadas por indução ou dedução. Esses acréscimos são criadores do dito "pensamento mágico". Esses pensamentos (prolongamentos perceptivos) permitem reconfigurar e organizar misturas, mesclas relacionais perceptivas. Perceptivamente, pela lei da proximidade, equiparam-se situações díspares ao retirá-las de seus contextos estruturantes. Esta retirada, de maneira arbitrária, torna próximo o que é distante.

Os dados relacionais são simultâneos, não vêm em sequência linear, não são elementos. Em um contexto A, percebe-se como Figura situações estruturadas em contexto B que, por sua vez, é um detalhe da totalidade Z e assim sucessivamente. No processo relacional, o estruturante contextual de proximidade perceptiva pode ser também o estruturante de closura, de fechamento ou de semelhança.

Quanto menos autorreferenciado, menos contextualizado em seus arquivos pessoais (memória) ou em seus desejos e aspirações futuras; quanto mais presentificado, maior possibilidade de perceber o que ocorre no próprio contexto de sua estruturação. A apreensão dessa imanência, desse dado relacional, possibilitará constatações que o situam em redes pessoais, de categorizações organizadas e significativas – isto sempre permite Boa Forma, continuidade, consequentemente clareza e discernimento, identidade.

O ser humano, em seu processo de desenvolvimento – de crescimento, de sua história de conhecimento e vivências psicológicas –, estrutura medos, esperanças, certezas, agressividade, bondade, maldade, inúmeras variedades comportamentais nas quais índices, símbolos e ícones representam, significando e distorcendo esse processo perceptivo. O ursinho de pelúcia, salvador do medo de ficar sozinho, e o travesseiro que faz dormir são mantidos até a idade adulta, por exemplo. Os adeptos do mesmo time de futebol, os semelhantes comunitários, também são sistemas de referência, de organização, familiaridade e identidade. Nas visões dualistas, instintivistas, causalistas, esse processo fala de manifestação, de características subjetivas responsáveis por ajuste ou desajuste.

Para eles, existe um indivíduo, um sujeito separado do mundo que age segundo suas "motivações internas", projetando, assim, medos, desejos, acertos e erros.

O percebido é relacional, mesmo quando há posicionamento e autorreferenciamento. O ser é a possibilidade de relacionamento, o eu é um posicionamento, é o que decorre da organização dessas possibilidades relacionais.

Transformar o possível em necessário cria núcleos referenciais, contextualizações a partir das quais as identidades são construídas, mantidas, destruídas. Esses processos de identificação criam facilidades, estranhezas em relação aos outros em função de seus referenciais estruturantes. Predominância de aderência, nesse processo, torna frequente a despersonalização, por exemplo: sua identidade é o que seu poder aquisitivo, econômico, lhe permite ser, é isto que o faz sentir-se bem ou mal.

Identificações estruturadas por imanências relacionais permitem transcendências, globalizações de processos, personalização. A constância relacional possibilitada pelas imanências apreendidas gera certezas, confiança, como algo intrínseco ao processo relacional, confere autonomia. Percebemos que aceitar o que somos não depende de saber o que significamos ou valemos, mas sim de estarmos vivos.

Visões pedagógicas, sociais, religiosas, políticas, psicológicas e psicoterápicas explicadoras do homem por seu *modus vivendi* e *modus operandi* de suas motivações e ações geram clichês e preconceitos diante dos considerados padrões de normalidade, amoralidade, bem--estar, bom senso, maldade ou bondade.

Somos apenas seres no mundo, com necessidades e possibilidades relacionais. Tudo se estrutura, se desestrutura, se organiza, se desorganiza nessa configuração relacional. Existem distúrbios resultantes de comprometimentos neurológicos cerebrais que comprometem relacionamentos – por exemplo o chamado *deficit* de atenção, a hiperatividade –, mas postular que todo relacionamento com o outro é causado pela prevalência desses distúrbios é elementarista, consequentemente desorganizador, pois isola o indivíduo de seu mundo e do outro, desumanizando-o. Pensar a personalidade química, biológica e social gera repartição, divisão do humano, equivalente ao que se fazia no séc. XVIII, auge do etnocentrismo europeu em que seres humanos e suas sociedades eram classificados como selvagens, primitivos, bárbaros, sem intelecto, sem alma, sem possibilidade de "refinamento cultural".

Evidência e causalidade

Perceber é o que resulta de estar em contato. É o dado relacional contextualizado no presente, no que está ocorrendo (evidência), no que ocorreu (passado) por meio da memória ou perceptivamente prolongado – pensamento que se refere a um passado, a uma extrapolação/interpolação de evidências (presente), voltando-se para o futuro. Perceber é conhecer. Esse processo perceptivo, esse processo de conhecimento, não possibilita constatação, exceto quando são correlacionadas as percepções, isto é, a percepção da percepção. Perceber que se percebe é constatar, inferir, deduzir, nomear, explicar. A evidência se esgota em si mesma quando não se insere em outras relações perceptivas. No meu livro *Psicoterapia Gestaltista Conceituações*, afirmo:

> [...] perceber é conhecer pelos sentidos, é ser informado de, constatar o existente que em si é um fato, é o fenomenicamente dado, mas que no seu existir como evidência não explicita todas as suas relações configuradoras. Por exemplo, percebemos que chove, mas neste conhecimento do estar-chovendo não conhecemos a chuva, o que faz chover, como e porque chove... Eis porque a atitude empirista não conseguiu trazer solução para o que é o conhecimento, embora este impasse tenha sido resolvido pela postulação de causas determinantes dogmatizadas e buscadas como via explicativa do fenômeno. (Campos, 1988, p. 33)

Perceber o que acontece, a evidência fenomênica, significará enquanto dado relacional e isto impõe a polaridade sujeito e objeto. Ao perceber, sou sujeito que percebe objetos. Ao perceber que percebo, sou objeto e o sujeito é a minha percepção. O perceber que percebe é o reconhecimento, a constatação.

Estruturamos objetos que nos definem como sujeitos. Através da percepção da minha percepção, sei o que percebo, conheço o que percebo, estruturo-me como sujeito, objeto. Esta polaridade unificada só pode ser entendida enquanto Figura-Fundo. Ao perceber-me como objeto, infiro-me, constato meu contextuamento de sujeito. Exemplo: perceber que meu corpo sou eu ou é meu. Essa delimitação de posse torna-se imediatamente atributiva. É como se o corpo fosse uma propriedade que me pertence, como uma cadeira ou uma casa. Acontece que propriedades podem ser movimentadas, transferidas, independentes de mim e o meu corpo não pode agir ou comportar-se independente de mim. Nesse ponto, é obrigatório perceber que o corpo não é meu. Que eu sou ele, tanto quanto ele é eu. Ao perceber o corpo como objeto, transformo-me em sujeito corporificado. Ao perceber meu corpo sem categorizá-lo ou situá-lo, percebo o corpo. Toda vez que percebemos e nos detemos nessas percepções, objetivamos, expomos, configuramos, constituimos posicionamentos, realizamos funções, nos adaptamos. (Campos, 1993, p. 89-90)

A limitação contingente, circunstancial do dado perceptivo, permite sua apreensão tanto quanto impede a apreensão de suas redes relacionais, constituídas. Os enfoques da física, química, biologia, psicologia e outras malhas científicas apreendem e ampliam os fenômenos, as evidências. Nas vivências pessoais, individualizadas, interpolações e expectativas completam as evidências, significando outras evidências que as revelam ou distorcem, atribuindo outros significados em função de padrões autorreferenciados e pontualizados pelas quebras relacionais exercidas por extrapolação ou interpolação, consequentemente não decorrentes do que se desenrola, do que acontece. Uma das características da neurose (distorção perceptiva decorrente do autorreferenciamento) é a atribuição do significado além do que está ocorrendo. Expectativas, medos e desejos funcionam como biombos que escamoteiam evidências. Em psicoterapia, buscar estruturar disponibilidade, aceitação de limites e realidades é o que permite perceber evidências sem obscurecê-las por medos, desejos e expectativas (ansiedade).

Husserl debruçou-se sobre a questão da evidência e as impossibilidades de ser atingida. E era difícil perceber o que ocorria independente de seus dados factuais, por isso ele propôs o por entre parênteses, a *epoché*, como atitude possível de realizar o conhecimento do que se evidencia, do que ocorre, descrição que, segundo ele, seria a única metodologia possível para a ciência.

Como saber se o que se percebe é o existente ou é extrapolado, encontrado em função de distorções e parcializações? Questionamento é a atitude que permite ultrapassar dúvidas e impasses, é o que possibilita acesso a horizontes relacionais que ampliam o evidenciado. A evidência pode posicionar, pode colapsar o relacional: "o relacionamento gera posicionamentos, geradores de novos relacionamentos que por sua vez geram novos posicionamentos – indefinidamente", como acentuava no meu livro *Relacionamento Trajetória do Humano* (Campos, 1988, p. 31). A dinâmica perceptiva estabelecida na reversibilidade de Figura-Fundo, entre ser sujeito e/ou objeto, é o que caracteriza o humano, o ser-no-mundo. Quando as dicotomias são criadas entre homem e mundo (funcionalismo), homem *versus* mundo (Psicanálise), homem do mundo (Behaviorismo), perde-se a totalidade, o homem no mundo (*Gestalt*). Não existem homem e mundo como realidades isoladas, somos seres em relação. Apreensão dessa relação, dessa evidência, transforma o próprio sentido que se atribui a homem (sujeito, indivíduo, corpo) e a mundo (sociedade, cultura, família). Perceber esta relação é conhecer suas possibilidades/impossibilidades, necessidades e superações. Buscar explicação para essa evidência fora de suas configurações relacionais (sujeito, objeto e outras evidências intersecionais) é fatiar constatações, utilizando-as como complementos. Esses enxertos, essas misturas de evidências, consequências causais, criam elencos anômalos. O instinto, a vocação, o inconsciente, desígnios divinos e outras ordens arbitradas são utilizados para compor ou descompor o evidente. Buscar causas é a maneira de negar evidência, embora evidência nada explique por si mesma. Essa inviabilidade cria limites, dificuldades, desespero e insatisfação para nós humanos. Querer ir além do limte gera insatisfação, estrutura onipotência decorrente da impotência, do limite não aceito. Lacunas, quebras, dissociação, distorção e confabulação passam a existir para preencher, completar e dopar os vazios criados pela quebra das polaridades relacionais. A superposição das parcializações erigidas em causas explicativas da evidência borrada, consequentemente negada, passa a ser o pontilhado relacional gerador do enquistamento das possibilidades de ser no mundo.

Os dados empíricos, resultantes das experiências satisfatórias/insatisfatórias, são as aderências configurativas dos processos relacionais. O que se consegue tem que ser o desejado; a evidência é o objetivo a ser negado ou afirmado independente de suas relações constituintes. Não indo além do vivenciado, surgem nebulosas processuais que transformam a evidência em causa e as mesmas em evidências. Essa pontualização transforma o ser em referência, índice de desejos a suprir ou a negar.

A transformação do denso em sutil, decorrente do posicionamento relacional, aliena, faz com que se perca a visão dos processos relacionais. Alvos e objetivos (metas) estruturam as demandas e motivações do indivíduo. Assim existindo, perde-se a dimensão presentificada, desaparece o diálogo com o que se evidencia. O monólogo cria duplos, dúvidas e autorreferenciamento em função da satisfação de necessidades – é a sobrevivência, a causa e a motivação de estar vivo.

O outro, exilado do referencial relacional, passa a ser instrumento, alavanca, causa de motivação e propósitos. Vive-se para ter e construir aparência, simulácros humanos, relacionais.

Quando chove, percebemos a chuva. Contudo, essa percepção não nos explica a causa, não nos diz se a chuva é útil, boa, inútil, ruim. Detido no fenômeno, na evidência, chuva, podemos ir além dela apenas se nos colocarmos entre parênteses, se percebermos a evidência enquanto ela própria, e assim atingirmos as variáveis configurativas do fenômeno chuva. Referenciado no que é bom ou ruim da chuva para nós, negamos a própria chuva, transformamos essa evidência em causa ou resultado explicativo de processos alheios ao que ocorre, ao estar chovendo.

Evidências configurativas de relacionamentos afetivos indesejáveis podem ser transformadas em causa, por exemplo, da infelicidade, em impedimentos gerados pela inveja ou traição do outro, que quer causar mal, roubar o bem-estar e prazer. Assim percebendo, transforma-se a evidência em causa, consequentemente as explicações e vivências do ocorrido se tornam nebulosas, valorativas, autorreferenciando e posicionando os processos relacionais.

Perceber o que acontece é um processo editado segundo nossas limitações, necessidades e possibilidades. Os fatos não trazem em si a explicação de suas leis, apenas as comprovam quando outros referenciais são estabelecidos. A Teoria de Classe, o elementarismo, as tipificações, as classificações atropelam os fenômenos. A Física aristotélica, que é uma Teoria de Classe segundo Kurt Lewin, nega os fenômenos ao explicá-los pelas suas classificações. Aristóteles, não apreendendo as relações gravitacionais – a Lei da Gravidade –, diz que a pedra, tirada de seu lugar natural, reage caindo, voltando a seu lugar natural, e essa era a causa (natureza da pedra) que explicava a evidência da queda. As penas flutuavam, buscando seu local de origem (natureza celeste). Quando foram apreendidos os fenômenos configurativos da gravidade, tudo foi reformulado, nada dependia da natureza das substâncias e sim das relações configurativas de peso, densidade. A relação é que configura evidência e a mesma possibilita apreensão das polaridades, contextos e estruturas relacionais. É fundamental globalizar, não parcializar, não dividir para controlar o que ocorre, atribuindo significado além dos dados relacionais. Estabelecer disponibilidade ao questionar posicionamentos, autorreferenciamentos, metas e apegos é o que neutraliza insatisfação, frustração e vazio – este é o objetivo da Psicoterapia Gestaltista.

Perceber a evidência e nela se deter, para que a sua continuidade gere a impermanência, a mudança, é vital para os processos relacionais. Por meio dessa antítese – deter-se no que ocorre – são estruturadas a permanente presença do estar no mundo – o presente contínuo, único dado relacional, suporte de evidência.

Distorções perceptivas

Perceber o que ocorre, o mundo, o outro e a si mesmo, no contexto do que se pensa, deseja, teme ou imagina é um prolongamento perceptivo responsável por distorção perceptiva gerada pelo autorreferenciamento. Perceber o que está ocorrendo, o que está diante, é simples desde que se consiga o instante de imobilidade – a vivência do presente contextualizado no presente. Esse átimo, neutralizador da continuidade, é o que permite conhecer, isto é, perceber, consequentemente constatar – perceber que percebe –, isto é, inserir o percebido em outros contextos percebidos, já significativos. A neutralização do movimento é a inércia resultante de se deter, de coagular o que ocorre pela percepção do que está ocorrendo. Esse processo provoca destaque, recorte criador de identidade significativa, passível de nomeação. Quando este processo é constante, os significados e vivências expressam o percebido, estão sempre contextualizados em situações anteriormente percebidas. Quando este processo não é constante, quando oscila em função de certezas, medos, *a priori*, vivências (passado) ou de desejos e metas (futuro) – que impedem o se deter, a neutralização, a imobilidade – são criadas as fragmentações, descontinuidades responsáveis pela distorção perceptiva: não se percebe o que está ocorrendo e sim o valor e significado do que ocorre em função de referenciais passados diferentes dos que contextualizam o que está ocorrendo: é o autorreferenciamento. Perceber o que ocorre em função dos próprios referenciais cria a ilusão de que existe um mundo interno e um mundo externo e ainda que mediamos os processos, captando, expressando e dando significados aos mesmos segundo nossas capacidades e intenções; acrescentando, subtraindo e interpretando o que ocorre segundo nossos referenciais independente da estruturação do ocorrido.

As questões de adequação/inadequação, erro e acerto, começam a surgir, a estrutura relacional, psicológica, se pontualiza. Essa descontinuidade relacional cria posicionamentos responsáveis pela distorção perceptiva. Não abrangendo a totalidade do que ocorre, sem globalização, estruturam-se maneiras de apreender e explicar o ocorrido, o percebido. A preocupação com causas, com origens, leva à busca de resultados e finalidades. O principal é conseguir; para isso, é preciso observar os processos, aprender como controlá-los e regê-los segundo objetivos e necessidades. O pragmatismo é o padrão. A palavra grega *pragma* significa o que foi feito. Essa invocação constante do realizado, do anterior, da causa que permite utilidade, que permite acerto, é o pragmatismo. Olhar para trás, ter seus referenciais anteriores, funciona, cria valores que permitem distinguir acerto e erro: é a tão valorizada experiência, mas que também nubla, distorce a percepção do que ocorre. O excesso de pragmatismo, de ações passadas, por antítese exige contradições; por isso, a novidade e a criatividade são também valorizadas. Nesse panorama, vive-se em função de valores – surge o bem e o mal, o útil e o inútil. Os objetivos de vida são em função de resultados, da busca do bom, do útil; o ser humano, ao se nortear por essas divisões e catalogações, procura acertar, ser útil, ultrapassar o que o pode aniquilar.

Não estando determinado por esses causalismos, o homem vivenciaria o estar no mundo como continuidade. A sociedade, a família, a escola resultantes dessas vivências seriam estruturadas de outro modo, saindo do reino das necessidades para o reino das possibilidades. O importante não seria a utilidade, mas o relacionamento com o outro, com o que ocorre, independente de avaliações sobre utilidade/inutilidade sempre calcadas em prévios, consequentemente não configuradoras dos contextos relacionais que estão ocorrendo. Tudo mudaria, a própria ideia de religião, de Deus, seria estruturada em outros níveis relacionais. Não se dedicaria ou pensaria no que prover, ou criar, não haveria expectativa ou submissão geradora da ideia de pecado, medo; haveria conhecimento do que transcende e define a continuidade do ser no mundo. A busca de trabalho seria fundamentalmente determinada pelas aptidões e satisfações em lugar das recompensas econômicas e do *status* atingido. Escolher, por exemplo, ser médico, responsável pela erradicação das doenças, ou ser responsável pela edificação de paredes dependeria da percepção do que é mais motivador para o próprio indivíduo.

Colocar outras questões e ver outras possibilidades só é possível quando se rompem ordens, programas e regras, principalmente as pragmáticas, as de utilidade acima de tudo. Utilidade, como tudo, é relativa e varia de época para época, de sociedade para sociedade, de indivíduo para indivíduo. Quando causas e resultados são sistematizados e determinam o que serve, e o que não serve, são criados padrões e a partir dos mesmos. Tudo é percebido: é a distorção perceptiva que surge.

Ao viver sem padrão e regras, consegue-se um mundo motivador, desde que presentificado, não organizado em função de experiências anteriores ou objetivos a realizar. Organizar experiências para permitir enfrentar o que existe, embora eficiente para buscar utilidade, é criador de defasagem entre o que ocorre e o que se percebe. Esse processo banaliza e coisifica o humano, transformando-o em matéria-prima para realização de programas necessários à manutenção dos sistemas. O importante não é mudar o homem, mas sim não instrumentalizar as possibilidades humanas. Ansiedade, medo, tédio, vazio desapareceriam ou seriam bem diminuídos se o que ocorre fosse percebido como o que ocorre em lugar de para que ou por que ocorre. Essas montagens relacionais criam híbridos, quimeras absurdas, sem contextualização presentificada. São sombras de ocorridos anteriormente ou antecipações esparsas do que pode acontecer. Nesse contexto de distorção, a possibilidade relacional humana, esmagada, sobrevive em função de resultados úteis, mantendo assim seus posicionamentos ditos interiores, criando mundo de medos e expectativas, criando ansiedade e depressão.

O processo terapêutico é o constante questionamento para mudar a atitude, para perceber o que ocorre como o que ocorre, independente de medos, não aceitações e desejos. Perceber as próprias limitações e possibilidades é libertador, neutraliza ansiedade, possibilita concentração: se deter no que ocorre e recuperar sua humanidade, suas possibilidades relacionais, sem os esconderijos do pânico, da desconfiança e das certezas alienadoras.

Impermeabilização – enquistamento relacional

Somos seres no mundo. A relação com o outro e com o mundo é o que nos estrutura – é assim que desenvolvemos nossas necessidades e possibilidades orgânico-relacionais. Biologicamente, somos organismos com estruturas cerebrais, neurológicas, que permitem e configuram nossos processos perceptivos estruturadores de conhecimento mantido por funções mneumônicas. Esse arquivo constitui o eu, um sistema de referência, e a memória é o processo psicológico responsável pela sua manutenção.

Sempre estamos em relação com o outro e com o mundo, embora nem sempre constatemos ou expressemos esse relacionamento. Quando se dorme, quando se está anestesiado, sedado de algum modo, não há o diante: o outro, o mundo. É o chamado estado de inconsciência, descrito pelas visões elementaristas e causalistas como cancelamento da mente, da consciência.

> O cérebro controla nossa respiração, mas não precisamos ter consciência disso para respirar. Consciência e mente são heranças cartesianas e da psicologia atomista do séc. XIX, rejuvenecida pelos psicanalistas através do conceito de inconsciente – avesso da consciência. Para eles, entender as projeções e sombras geradas no inconsciente e lançadas na consciência, era o que possibilitava conhecer a consciência, o consciente, o inconsciente. (Campos, 2002, p. 19)

Não constatar e não perceber decorre de estar fechado em si mesmo; é o que ocorre durante o sono, também sob efeito de drogas, por exemplo, quando se fica alijado do contexto relacional em que as percepções são transformadas em constatações, identificando vivências.

> Perceber a percepção só é possível enquanto prolongamento perceptivo. Perceber a percepção enquanto presente, como vivência do único, é impossível: é uma coagulação do movimento, arbitrária, consequentemente

geradora de posicionamento. É como se eu quisesse ser um ser percebendo ser o ser no mundo. Metafísica mecanicista e onipotente. (Campos, 1999, p. 28).

E ainda,

[...] as ideias de mente, de consciência, enfim, de um poder central que organiza, seleciona e conscientiza os dados relacionais é totalmente elementarista, é uma preexistência arbitrária. Não existe consciência, nem mente, nem existe o Ego, Superego e Id. O que existe é possibilidade de relacionamento e uma estrutura orgânica neurofisiológica, comunicadores químicos (neuropeptídeos). Existe, portanto, conhecimento táctil, visual, olfativo, gustativo, auditivo, proprioceptivo, cinestésico, cenestésico e estereoceptivo. Minha língua escolhe, meu corpo sabe, meu nariz decide, meus ouvidos me orientam, minha pele me estabiliza. A percepção estrutura posicionamentos, posicionamentos estes comumente chamados de Ego, Eu mesmo. (Campos, 1999, p. 33).

Montado o eu, estruturado o sistema de referência, temos o contexto à partir do qual são percebidas as relações estabelecidas com o outro, com o mundo e comigo. Quanto mais é mantido esse sistema de referência, mais autorreferenciado é o indivíduo, maiores são os posicionamentos, os *a priori* desenvolvidos na relação com o outro, com o mundo e consigo mesmo. Menos dinâmica, menos possibilidade de transformação, mais ajuste, mais adaptação, é o que caracteriza essa manutenção. (Campos, 2002, p. 46).

Ter os processos relacionais interrompidos, ou não iniciados, cria isolamento e impermeabilização. Ser acidentado, atingindo estruturas neurológicas, cerebrais, e estar sem contato com o outro, são formas de interrupção dos processos relacionais que vão da paralisia cerebral a outras situações lesivas, como cegueira, surdez logo ao nascer, falta de um outro que assista, nutra, estabeleça contato. Mesmo com esses comprometimentos orgânicos, sempre existe possibilidade de relacionamento, desde que sempre se está no mundo com o outro, exercendo seus processos perceptivos, conhecendo.[7]

---

[7] As relações cognitivas – conhecimento e significado (categorizações), percepção e percepção da percepção – são estruturadas perceptivamente, dentro das

Isolamento, impermeabilização não existem; o ser-no-mundo é a relação, a *Gestalt* estruturante do humano. Sendo assim, como entender o autismo? Como entender o autorreferenciamento total existente nos delírios e nas alucinações esquizofrênicas? Que pensar das frequentes vivências de perceber o outro como diferente de si, percebendo-o apenas como objeto que ajuda ou atrapalha? Por que é difícil se perceber no mundo e por que é fácil perceber o mundo, o outro como algo independente e alheio?

Situados no aqui e agora e nele diluídos, esgotados e encerrados, somos possibilidade total, sem referenciais dicotomizadores, fragmentadores. A descontinuidade deste processo, dessa vivência presentificada, traz os dados de memória – outras situações vivenciadas que funcionam como ligação, instrumentos e maneiras de vivenciar o que está diante. Quanto maior a superposição de memória, de dados e vivências anteriormente coletados e processados, maior a estagnação do fluxo relacional da dinâmica do estar no mundo.

Estar protegido, assistido, entocado e isolado é estar separado do que ocorre no aqui e agora, separado do outro, do mundo; é estar consigo mesmo, verificando possibilidades e avaliando. Isso reduz o mundo e o outro à satisfação de necessidades. Não se consegue perceber o que ocorre enquanto situação que está ocorrendo; só se percebe quando ela é recontextualizada em referenciais prévios e próprios, construindo assim o autorreferenciamento, as respostas isoladas, a impermeabilização, reagindo e estabelecendo referenciais que independem do que ocorre. Está criada a impermeabilidade, a impossibilidade, o autorreferenciamento, o autismo, o delírio ou ain-

---

possibilidades isomórficas. Os gestaltistas alemães descobriram, experimentalmente, leis que regem o processo perceptivo cuja base é a lei de Figura/Fundo. Toda percepção se dá sempre em termos de Figura/Fundo. O percebido é a Figura, o Fundo nunca é percebido, existe uma reversibilidade, uma modificação entre o que é Figura e o que é Fundo. A Lei de Figura/Fundo explica o que é percebido e o que não é, sem necessidade da construção teórica ou hipótese do inconsciente, seja no sentido freudiano, seja o *lui* lacaniano, seja o subliminar da neurociência.

da, em menor amplitude de impermeabilização, o medo, a timidez, a insegurança, a violência, a agressividade e prepotência.

Perder a memória, decorrente de processos neuropatológicos e de envelhecimento, é também uma forma de não perceber o outro e o mundo. A falta de memória tem o mesmo efeito que o excesso de memória (posicionamento passado): ambos isolam, fazem com que os referenciais do aqui e agora não sejam percebidos, não há percepção da percepção – constatação responsável pela continuidade, pela estruturação de rede relacional.

Meditar é considerado, pelos espiritualistas, uma maneira de ultrapassar as inúmeras variáveis, direções do estar no mundo com o outro; cria também impermeabilização, isolamento sustentado pelas bases residuais do ultrapassado. Qualquer delimitação, seja na busca de transcendência e paz, seja construída por *a priori* do que se quer evitar e realizar, quando transformada em contexto para estabelecer participação e mediação, é criadora de impermeabilização, desde que funcione como ponto de convergência a partir do qual são configurados os relacionamentos. Medos e ansiedades frequentemente surgem como resultado de motivação e desejos. Objetivar neutralizá-los por meio das consideradas "transcendências meditativas" é uma construção relacional que segmenta e fragmenta os processos relacionais, embora se tornem fundamentais para participação, ajuste e adequação nas atmosferas grupais, comunitárias e sociais; ajudam a sobreviver enquanto desumanizam, alienam e contingenciam as suas necessidades.

Focar, determinar-se a, também é uma maneira de se impermeabilizar, de excluir o outro enquanto questionamento, proposta e presença contrária ou alheia ao que se determina realizar, ao que é focado, ao que é objetivado. É criado o posicionamento que aprisiona e determina o relacional; a *Gestalt*, a totalidade, é parcializada e surgem enquistamentos, impermeabilizações. Os processos dependem de alavancas, nada é espontâneo; as imanências relacionais são substituídas por aderências e superposições funcionais, impermeabilizadoras do estar no mundo.

O autorreferenciamento é uma maneira distorcida e desesperada de neutralizar as não aceitações. Capitalizando e se posicionando no que é valorizado pela família e pela sociedade, o indivíduo percebe tudo que lhe acontece nesse contexto em função dessa posição, estruturada pelo que é significativo e importante para ele. Percebendo-se a partir do que supõe ser suas qualidades, necessidades, direitos e desejos, tudo é categorizado nesse contexto. Não existe vivência de não aceitação: o que se vivencia é ser desconsiderado, prejudicado, vitimizado. Não há questionamento: existe apenas vivência de satisfação (realização) e de insatisfação (frustração). Incapaz de se perceber enquanto dimensionamento limitado e posicionamento fragmentador, percebe tudo, avalia e decide em função dessa pontualização; consequentemente não se sente com problemas, apenas se percebe com dificuldades em lidar com pessoas que não o compreendem, não o ajudam.

Sem dinâmica relacional – o mundo começa nele e nele acaba –, tudo é percebido em função de suas polarizações, das satisfações e insatisfações, dos desejos e resultados. Não há percepção de si mesmo, não há questionamento nem constatação. A alienação, frequentemente confundida com desconhecimento dos próprios problemas, impera.

Posicionado, isolado e enquistado pelo autorreferenciamento, o outro é transformado em objeto útil ou inútil, sequer percebe as próprias não aceitações, elas foram absorvidas pelos posicionamentos sobreviventes, criadores do autorreferenciamento. Situações de impasse, conflito e frustração vão sendo deslocadas sob a forma de sintomas: de coceiras, tonturas, tiques nervosos ao pânico, ao estresse comprometedor do cotidiano, à depressão.

O encontro psicoterapêutico permite rápida remoção dos sintomas desagradáveis quando se faz perceber os processos de não aceitação, geralmente traduzidos como denúncias e constatações difíceis de aceitar, enfrentar ou conviver.

O autorreferenciamento começa a ser quebrado e a blindagem desfeita quando o indivíduo percebe sua fraqueza e dificuldade. Essa desadaptação à forma restritiva – protetora – amplia espaços que permitem novas percepções responsáveis por constatações e categorizações reveladoras do próprio processo do estar no mundo; é o início do perceber que se percebe, do se conhecer, em outras dinâmicas, em outros contextos diferentes dos posicionamentos estruturantes do autorreferenciamento.

Estar com o outro através de acertos e contratos, permissões e congruências que viabilizem o encontro é também isolamento. A constante busca de formas e meios para acessar o outro e o mundo caracteriza esses isolamentos. Imagens, aparência, luta por reconhecimento e direitos, tanto quanto a imposição da força e vaidade – do físico ao intelectual – caracterizam esse processo.

Acredito que toda a Psicologia, Filosofia e ciência podem partir do conceito de relação: como ela é estruturada, qual sujeito e objeto são seus fundantes e possibilitam seu significado, eficácia e operação, explicando os processos relacionais. Perceber é estar em relação com. Conceitualmente, relação é o que permite unificar as dicotomias entre orgânico e psicológico, entre organismo e meio, tanto quanto é a estruturação do sujeito e do objeto – polarizantes relacionais – que explicam o autorreferenciamento, as distorções perceptivas, os enquistamentos relacionais.

Em um dos artigos que escrevi para meu *blog*, enfoquei o conceito de relação e aqui transcrevo: uma das implicações do conceito da Psicoterapia Gestaltista de que tudo é relação – percepção é relação, o ser é possibilidade de relacionamento – é rever a noção elementarista, dualista, causalista, de afetividade humana.

A fundamentação dualista, a ideia de interno e externo, de sujeito e objeto como posições preexistentes distorcem o conhecimento, o trabalho e o pensamento psicológicos, catalogando e esquematizando a vida psicológica em categorias como sensível *versus* insensível, bondoso *versus* maldoso, sentimental *versus* racional etc. Eles fazem também uma distinção entre "sentimento" e "emoção": "sentimento" remete a "interioridade" e "emoção" à "exterioridade", à expressão física (como lágrimas, aumento de batimentos cardíacos, calafrios etc.).

Alguns psicólogos pensam que sentimento é algo subjetivo, interno; acham que sentimentos são característicos de pessoas sensíveis. E quando perguntamos qual o significado de "sensível", respondem: é o que não é racionalizado. Sensibilidade, paixão, emoção, bondade fazem parte da mesma genealogia, que se origina na dicotomia entre afetividade e razão. Para eles, pessoas sensíveis seriam aquelas que não racionalizam suas emoções, seus sentimentos.

Não existem sentimentos ou emoções; esta ideia advém da psicologia do séc. XVIII, que vê o ser humano como tendo uma parte afetiva, uma motora e uma intelectiva. Freud renova essa abordagem com os conceitos de instinto, consciente e inconsciente. As pessoas, em geral, falam da questão de maneira dualista: emoção e razão; emoção, sentimento, sensibilidade associados à bondade e razão associada à frieza, à insensibilidade. É lugar comum ouvirmos: "o criminoso, o *serial killer* por exemplo, não tem sentimento".

Existem as situações que são chamadas de sentimento e emoção? Sim, o ser humano é uma totalidade e o que é visto de forma partida e separada como sentimento e emoção, são posicionamentos de dados relacionais. Tudo é percepção, tudo é relação. Dado relacional e percepção são sinônimos. A partir da percepção, a pessoa se sente com medo, raiva, desconfiança ou alegria e prazer, por exemplo. Quando o indivíduo posiciona o dado relacional, isto é contextualizado na rede geral das próprias vivências; é a constatação na qual o presente, o percebido, é a percepção da percepção que estabelece o conhecimento de, o sentir que, com diversos significados (bom, ruim, agradável, desagradável, feio, bonito etc.). Esses posicionamentos são os ditos "sentimentos" causados pelas situações a, b ou c. Essas percepções dilaceradas, posicionamentos mantidos, estabelecem o que é normalmente chamado de "sentimento" e "emoção" pelas abordagens elementaristas.

Portanto, "sentimento" é o posicionamento do dado relacional, do perceptível. Entender "sentimento" como resultante do dado relacional perceptivo transforma toda a maneira de abordar o psicológico, de abordar o comportamento humano. Dizer que o "sentimento de

amar" – o amor – é o responsável pela dependência e carência afetiva não faz sentido, a não ser o de expressar a ideia causalista de que amar é se entregar, se vulnerabilizar, fixar-se em alguém.
Relações amorosas são estruturadas em disponibilidade, aceitação, não resultam de acertos, contratos e complementação. Comportamento resulta de processos relacionais vivenciados por pessoas que se aceitam ou não. Quanto mais presentificada a vivência, mais espontaneidade, menos posicionamento, menos rigidez, mais vivacidade. Pensar nisso como "sentimento de entrega", "energia que flui", é fragmentador do humano ao criar esquemas a partir dos quais se classificam os ditos "sentimentos bons e ruins".

Fabricação de imagens

Na clínica psicoterápica e no dia a dia é frequente encontrar a vivência paradoxal de não se aceitar e querer ser aceito. Ao não se aceitar, sentir-se inferior e incapaz, cheio de manchas caracterizadoras do que se supõe ser inferiorizante, o ser humano se dedica a mudar sua problemática ou a buscar soluções que a encubram. Aceitar que não se aceita é a vivência que resulta de enfrentar os próprios problemas, a própria não aceitação. Buscar ser aceito, escondendo, camuflando e construindo artefatos, imagens para disfarçar o problema que infelicita, é o querer ser aceito, como maneira de esquecer, neutralizar, esconder a não aceitação. A primeira configuração resultante dessa atitude é o despistamento. Esse processo começa a estruturar imagens e mentiras – é a desonestidade, no sentido de que, não se suportando, começa a querer ser suportado. É o latão dourado, é a demonstração de ser diferente do que se é ou querer ser valorizado por aspectos valorizados para justificar tudo que se esconde. Essa atitude paradoxal, para se manter, necessita de arregimentações enganosas, falsas.

A imagem do bom filho, via de regra, esconde conflitos relacionais com os pais. O sentir-se monstruoso e exatamente por isso se dedicar a desenvolvimentos artísticos ou intelectuais, por exemplo, que compensem esta não aceitação, é uma constante no deslocamento da não aceitação, na fabricação de imagens. Encontrar capas protetoras leva à utilização do outro para essa finalidade. São muito conhecidos os processos de compensação e equilíbrio alcançados pela escolha do amigo, do amante. Seguir o caminho dos vitoriosos, atingir boas colocações e acessos ao que é considerado significativamente bom, belo e útil é almejado quando se quer disfarçar e esconder não aceitações. Quem tem uma mancha quer uma marca significativa e bem valorizada nos grupos dos quais participa.

Ser o que não se é, mas parecer ser o que vai esconder o detestado, o não aceito, é fundamental e satisfatório para quem não se aceita. Muitas vezes se consegue parecer o que não se é, entretanto a inconstância do processo (aparências são flutuantes) cria ansiedade, medo, insegurança. Essa roda-viva de conseguir e não querer perder o conseguido, ou de sentir-se vazio pelo desejo (meta) realizado, leva a frequentes estertores, desânimo e desespero. O querer ser aceito e não se aceitar equivale ao jogar-se para conseguir e se perder no próprio pulo, tanto quanto ao se realizar, pois falta a base de sustentação. Essa alternância entre segurança e insegurança cria ansiedade, comprometimento com mentiras, geradoras de exaltação e exarcebação na manutenção do sistema criado, além de inibir e desanimar pelo contínuo esforço de manter o conseguido. O comportamento fica caracterizado por bem-estar, seguido de mal-estar. Manter a continuidade do bem-estar passa a ser o objetivo da vida. Sempre parasitando, utilizando o outro para construir e realizar imagens, o indivíduo, cada vez mais, acentua sua despersonalização, sua falta de autonomia, consequentemente sua necessidade de ser aceito para se manter funcionando.

Não se aceitar e querer ser aceito é a atitude enganosa, desonesta, gerada pela constatação de que nada em sua pessoa presta e, consequentemente, para sobreviver tem que se apoderar, apropriar de capas protetoras, imagens que despistem a monstruosidade, a inadequação e inutilidade sentidas. Para essas pessoas, a única coisa que interessa é conseguir; para elas, mesmo a terapia é percebida como um arsenal, uma mina que possibilita extração do necessário para brilhar, para ofuscar ou esconder o que é problemático. No decorrer do processo terapêutico, o indivíduo percebe que todo o conseguido, enquanto instrumentalização, melhora, mas realça, sedimenta sua problemática, sua não aceitação. Quanto mais esconde seus problemas, mais mantém sua não aceitação. Essa percepção é questionante e renovadora: não pode mais esconder sua não aceitação, pois, não sendo mais um vazio, um ser fragmentado, o que esconde revela, aumenta a não aceitação. Divisão, consequentemente conflitos, surge em relação ao processo terapêutico e a si mesmo. A transformação da não aceitação vai agora ser feita por divisões e conflitos. Questionamento e omissão são as novas atitudes desencadeadoras de mudança ou de permanência. Quanto maior o número de tábuas de salvação, âncoras e posicionamentos alienantes e confortadores, maior a permanência, a omissão. Quando esses pontos de amarração são cortados, surgem questionamentos reestruturadores: imagens são quebradas e o se perceber como se é, ao ser percebido pelo outro, é solucionador, seja como aceitação do que não se aceita, seja como aceitação do que se é. A honestidade – congruência entre o que ocorre e o que está imanentemente estruturado para ocorrer – é constante, não existem camuflagens nem manipulações, não há enganos. A possibilidade de ser evidencia-se, o outro é o semelhante, não mais a fonte de aplacamento, o objeto utilizado para preencher carências, dificuldades e esconder o que se pensa anormal, depreciativo e inferiorizante.

Aceitação é um processo que permite a percepção do outro enquanto ele mesmo. Ao não se aceitar, o indivíduo se sente só, isolado, cercado de pessoas e coisas que o aprisionam ou o podem libertar. Essa solidão, característica da não aceitação, é o que impede interação e integração, levando à desumanização: o que está em volta é utilizado como matéria-prima para parasitar ou é desconsiderado se for incapaz de utilização satisfatória para aplacamento de ansiedades, medos e desejos.

Aceitar que não se aceita é começar a se perceber com os outros no mundo. Não se aceitar e querer ser aceito é transformar os outros em espelhos refletores de imagens construídas com a utilização e coisificação do outro: no espelho, o outro que é visto é a própria pessoa que se vê. Alienação impede participação, é isolamento, vazio e solidão. É por meio do encontro com o outro disponível que pode ser estruturada aceitação, transformadora da não aceitação.

Conseguir uma maneira, uma máscara, algo que possibilite ser aceito, é tudo que importa, nada mais interessa, pois não existe antítese que permita a constatação da desonestidade, da problemática desumanizadora. Conseguir enganar, manter a imagem fabricada, é o que motiva. Essa polarização em função do resultado deixa o indivíduo à mercê das circunstâncias; ele se despersonaliza, perde autonomia, fica inseguro. Ser aceito, ser considerado e manter as imagens o deixa feliz; se isso não ocorre, ele se deprime, congestiona-se, surge a depressão, a incapacidade de estar no mundo, de viver. Não abrir mão do faz de conta, da imagem conseguida, da não aceitação disfarçada, é o que cria os sobreviventes apegados ao conseguido e, quando isto é ameaçado, quando não pode mais ser controlado suicidam-se, enlouquecem ou são tomados pelo desânimo, depressões e abulias devastadoras.

Não aceitando não se aceitar, uma série de sintomas, pânicos e desconfortos assolam o indivíduo. Quando buscam a psicoterapia, esperam remoção de sintomas e ajuda para realização dos sonhos. Percebendo sua não aceitação, os sintomas desaparecem. Ficando sem pânicos, tranquilos, o questionamento terapêutico passa a ser utilizado como poderosa ferramenta de imagem e alívio para tensões. É um processo esvaziador da problemática, da não aceitação da não aceitação, tanto quanto da psicoterapia, pois persistem divisões e necessidades geradas pela própria não aceitação da não aceitação. Nesse conflito surge uma mudança, uma nova situação se impõe: o terapeuta não mais é visto como o instrumento que ajuda a tirar sintomas e dificuldades, mas sim passa a ser visto como o denunciante, o que avisa e impede as manutenções, impede o faz de conta e permite a reestruturação, o contato com a sua própria humanidade. A divisão entre não aceitar que não se aceita e querer ser aceito e entre aceitar que não se aceita e querer enfrentar o problema sem disfarçá-lo em buscas aplacadoras e enganosas está estabelecida. Imediatismo e manutenção se impõem ou são substituídos para continuidade e transformação, humanização.

Transformar necessidades em possibilidades relacionais é a grande questão terapêutica. Buscando psicoterapia, mesmo com mudanças e reincidências, a transformação, a necessidade de perceber o outro enquanto tal, diferente de objeto útil ou inútil, impõe-se. Descontinuidade ou inexistência de psicoterapia, de questionamento, deixa o indivíduo entregue a seu processo desumanizante. A não aceitação da não aceitação é responsável pela avidez, violência destruidora de si e dos outros, e pelos carentes mendicantes de afeto, aceitação e consideração, geradores de culpa, medo e violência para com os que com ele convivem.

A continuidade do processo de não aceitação, de se sentir desconsiderado, não amado e nada significar para o outro que sempre o avalia e decide sobre sua incapacidade e insuficiência cria autômatos e despersonalizados. São os sobreviventes que tudo fazem para conseguir o mínimo de aceitação e consideração; para aplacar suas necessidades, são capazes de mentir, roubar, matar, enfim, fazer qualquer coisa que lhes dê trunfos, condição de conseguir a realização.

Ser sempre não aceito, desconsiderado, desumaniza, consequentemente, anestesia qualquer questionamento de realização de possibilidade, pois tudo é percebido e buscado em função de satisfazer necessidades que garantam as posições conseguidas e as imagens fabricadas. Vive-se de resultados e aparência, de desejos realizados. Ser comandado pelo desejo circunstancializa, criando uma vida caracterizada pela despersonalização desumanizadora. A identidade, as vivências, os afetos e ligações psicológicas são efêmeros e se esgotam nas contingências alienadoras. Buscar sempre o acerto, o resultado que manterá posições, é o sinalizante de afetos e escolhas. Indecisão, medo, falta de solidariedade e considerar o outro como objeto útil ou como criador de obstáculos é o que preenche o cotidiano. A continuidade dessas oscilações e fragmentações cria desespero, ansiedade, angústia. Surge a necessidade de melhorar, de se tratar. Buscam-se remédios, proteções espirituais, apoios comunitários e religiosos e até mesmo psicoterapia; qualquer coisa que possa sanar e mitigar os incômodos, causados pela falta de autonomia e pelo constante medo de ser descoberto, é utilizada. Nas psicoterapias, ao procurar resolver sintomas que incomodam, estabelece-se um círculo vicioso: os tratamentos são necessários, mas tumultuam ao questionar as atitudes de esconder e manter problemas por meio de imagens, mentiras, submissão e medo.

Viver em função da realização de necessidades, de desejos, transforma o ser humano em coisa, objeto de seus desejos. Essa alienação cria robôs, máquinas programadas para sobreviver, destruindo tudo à sua volta que atrapalhe essa sobrevivência, instalando, assim, a violência, a marginalidade. A destruição comanda os relacionamentos, como na pedofilia e no incesto, por exemplo: passa a ser frequente o uso do outro para realização das próprias incapacidades. Transformado em coisa, objeto de seus desejos, fica muito difícil qualquer mudança, pois esse posicionamento cria rigidez. Como objeto, o ser humano se divide por oscilações permitidas pelas frequências da submissão. Começando a se perceber como outro, diferente de si mesmo, cria perfis e imagens a fim de negar a própria problemática. Essas imagens, apesar de esconder, demonstram sua não aceitação, sua despersonalização. A continuidade desse processo faz com que se negue a própria não aceitação, percebendo-se como tendo situações problemáticas, como tendo dificuldades; não se vê como causa das mesmas ou, quando se vê, pensa que precisa escondê-las para que ninguém perceba suas desvantagens, fragilidades e problemas.

As divisões são biombos impeditivos aos questionamentos psicoterápicos, relacionais, sociais, pois fragmentam e assim não possibilitam contradições. As divisões, ângulo zero, mantêm posicionamentos;

assim, a dialética, a dinâmica não se faz – instala-se a descontinuidade. Impermeável ao questionamento, o autorreferenciamento aumenta, gerando prepotentes e/ou vítimas. Os desconfortos e as inadequações surgem e são tratados como contingências desagradáveis, que precisam ser ultrapassados, escondidos ou manipulados estrategicamente; mesmo em psicoterapia, a atitude é a de considerar problema ter problemas, e assim percebem os problemas como perturbação às suas construções de imagem, de aparência aceitável. Arrancar as máscaras, para eles, significa perder a face; qualquer mudança ou admissão de problemática é vista como ameaçadora, daí disfarces e mentiras.

Nessa situação, a psicoterapia é a válvula de escape para as tensões, para a ansiedade, tanto quanto fonte de matéria-prima, repertório, para tecer imagens humanizadas, para aparentar ser gente, para criar desculpas e justificativas.

As divisões continuadas fragmentam e chega um momento em que já não se sabe o que se é, o que se quer, embora se conheça tudo que precisa ser garantido, defendido e mantido. A esperança de ser diferente é a luz, o alívio necessário para continuar vivo, pois a continuidade do autorreferenciamento, da solidão, limita e esvazia. Os encontros são contingências que propiciam desempenhos encenados na realidade cotidiana. Armar as encenações e desarmá-las extenua, embora esse processo signifique êxito ao legitimar as imagens encenadas.

Não ser desmoralizado, descoberto, continuar sendo aceito e aprovado pelo que aparenta ser, é o objetivo diário até que se consiga construir um papel a salvo de desmascaramento: bons amigos/amigas, bom pai/mãe, cidadão/cidadã, benemérito/benemérita, lideranças políticas e religiosas infalíveis, artistas sensíveis, filhos/filhas amorosos/amorosas, enfim, pessoas além de quaisquer suspeitas. O batalhão de "homens e mulheres de bem" muitas vezes é formado por esses sobreviventes que lutaram e conseguiram ser considerados, aceitos pelo uso continuado de imagens e mentiras oportunas, estratégicas.

O processo psicoterápico é percebido por essas pessoas como uma escada, um apoio, uma ajuda para atingir *status*, dimensões redentoras capazes de esconder, disfarçar e diluir tudo o que não se aceita; buscam na psicoterapia plásticas reparadoras para cobrir cicatrizes, esconder o que é considerado deformado, monstruoso.

Não ter autonomia, viver apoiado em função de aceitação, consideração e imagens socialmente aceitáveis cria inconsistência, medo, vergonha, frustração e complexos. Evitando o escondido, o não aceitável, o ser humano perde a liberdade, aninha-se no medo, escondendo-se na aceitação fabricada e garantida do que é considerado certo e bom. As situações tornam-se mais complexas e esmagadoras ao viver submetido e desconsiderado, tudo fazendo para agradar e ser aceito por quem o submete e desconsidera. Impasses são criados, mentiras produzidas e padrões comportamentais considerados aceitáveis são mantidos e buscados para que se consiga aprovação, apoio e bons resultados. Rifar a própria vontade, a própria motivação como forma de sobrevivência, é equivalente a vender o próprio corpo, a prostituir-se como maneira de sobrevivência. Abrir mão das próprias motivações e vontades, negar o que se percebe, pensa e sente é o caminho da coisificação. Virando objeto que se submete, a pessoa consegue sobreviver. Escravizado pelas próprias necessidades, o indivíduo torna-se refém do outro, mas a verdade é: concordar com as submissões o transforma em refém de si mesmo, de suas necessidades. Esse processo de divisão cria zumbis, sobreviventes que tudo fazem para conseguir algo que diminua sua fome, carência e ansiedades. Quando chegam à psicoterapia, querem manter as suas conquistas, destruir o que as ameaça e simultaneamente se sentir sem problemas, nem dificuldades.

Nesse processo de divisão e fragmentação, nada polariza, pois não há contradição, consequentemente, nada unifica enquanto não perceba, por questionamentos psicoterápicos, que os próprios problemas é o que os ameaça e infelicita. Processo demorado, pois, devido aos posicionamentos autorreferenciados, sempre se sentem vitimados, desconsiderados.

Os questionamentos, as evidências possibilitadas pela psicoterapia, os deixa aturdidos: querem ajuda, cuidados, não querem enfrentar os próprios problemas, não querem constatações, contradições, tampouco aberturas, vislumbre de possibilidades que os obrigue a sair do lugar, a abrir mão do apoio, por definição opressor. O que apoia, oprime, é uma das contradições intrínsecas ao processo de submissão e exploração, criador de divisão e também de liberdade, quando percebido e questionado. O impacto de ver seus desejos desconsiderados cria desânimo, medo, ou faz perceber como tudo é diferente. É quase equivalente à descoberta de que a Terra é redonda e que os mares não terminam em abismos povoados por monstros.

Muda a percepção, muda o comportamento; enquanto tal não ocorre, o trabalho terapêutico é o de propiciar essa mudança, quebrando a rigidez dos posicionamentos, sinalizando as implicações dos mesmos e, assim, ampliando questões e soluções por meio de questionamentos continuados que aglutinam e permitem manter pontos estabelecedores de contradição, iniciadores do processo de polarização do fragmentado, do dividido.

Para o terapeuta, o que se coloca nessas situações é configurar a totalidade da não aceitação e estabelecer antítese: a mudança depende de conflitos questionados. Não há como colar pedaços, fragmentos e querer um inteiro. Nesse processo de questionamento constante, surgem aglutinamentos, mudando a percepção: o limitado é ampliado, o outro deixa de ser apoio, de ser base e passa a ser presença, ação, vida. Quanto mais constatação, mais revolta, mais queixas – a vitimização é construída, levando, inclusive, à desistência da terapia ou, em outros casos, criando alternâncias em que a onipotência esconde a impotência. Apenas quando se percebe que a satisfação da carência, da falta, é intrínseca aos processos relacionais que a mesma não pode ser suprimida, manejando pessoas e situações, é que se transforma as necessidades de sobrevivência em possibilidades relacionais. Perceber que o outro não é um obstáculo nem um facilitador, enfim, que não é um objeto funcional, inaugura o novo: o outro existe e está com raiva, com amor, com simpatia, antipatia ou nada significando. Sem objetivos prévios, não se busca mais encaixes ou esconderijos, apenas se encontram e realizam possibilidades relacionais não reduzidas às necessidades contingentes; deixa de ser objeto de si mesmo e assim, se modifica, conseguindo questionar seus problemas, suas não aceitações.

Processos de mudança e transformação[8]

Todo processo – dos psicológicos aos sociais – é dialético. Isto significa afirmar que todo processo é movimentação permanente, intrínseca ao próprio processo (tensão entre situações diversas e opostas, teses e antíteses configuradoras de sínteses).

É oportuno, mais fácil, explicar o que acontece como se tivesse sempre uma causa interveniente, situações iniciadoras; mas essa abordagem resulta de desconhecer ou de negar o processo dialético, negar o surgimento de impasses decorrentes das forças em jogo. A mudança não pode ser explicada buscando causas, origens determinantes da mesma; ao fazer isso, instalam-se reducionismos, criam-se culpados e responsáveis alheios ao processo que está se desenrolando, embora pertencentes e contextualizados em outros processos. Essas distorções, decorrentes da não globalização dos acontecimentos, ocorrem tanto no âmbito político-social (partidos políticos, agremiações etc.) quanto no âmbito privado (crises individuais e familiares etc.), consequentemente posicionam, fragmentam e acomodam. A mesma tese em relação a A pode ser antítese a Z e síntese a Y: essa dinâmica esclarece e congestiona.

Em Psicoterapia Gestaltista, logo que os sintomas são removidos é claramente percebida a estrutura da não aceitação geradora dos mesmos. A transformação dessa estrutura – a mudança – requer constantes questionamentos. Mudar o que atrapalha e manter o que é conveniente é uma das divisões de quem se propõe psicoterapia. Acontece que eliminar sintomas só é possível quando são terapeuticamente configuradas as estruturas geradoras dos mesmos; necessário se

---

[8] Este capítulo foi desenvolvido a partir de um dos meus artigos, publicado no *blog*: Processo Dialético – Mudança e Acomodação.

torna transformá-las. Nas divisões causadas pelos conflitos e impasses da não aceitação, o que oprime, apoia, consequentemente se deseja retirar mal-estar e manter bem-estar. Essa dinâmica, essa antítese, ao gerar síntese, cria a aceitação da não aceitação ou cria deslocamentos, separando o que se aceita do que não se aceita e assim pulverizando, dispersando os questionamentos, as contradições.

Os tratamentos psicanalíticos, fundamentados na crença de estruturas inconscientes, instintivas, trabalham privilegiando a escuta, o método não diretivo. A Psicoterapia Gestaltista, aceitando o diálogo como fundamental para mudança do autorreferenciamento e da não aceitação, centraliza-se em questionamentos diretores do processo de mudança. Sugerir atitudes é frequentemente a maneira de questionar e impedir deslocamentos das não aceitações; daí o método terapêutico, como diálogo, ser diretivo. Questionar, evitar e conter deslocamentos é estabelecer antíteses, geradoras de sínteses responsáveis pela mudança. A Psicoterapia Gestaltista é exercida individualmente e os questionamentos são antíteses à estrutura problemática que se apresenta.

Tudo que é novo resulta da simultaneidade, do confronto de estruturas antagônicas. Não decorre de causas específicas, mas sim de um processo estabelecido pelo encontro de inúmeras variáveis, teses, antíteses e sínteses. Ao perceber que o que acontece é diferente do que se espera acontecer, instaura-se o novo e forma-se o impasse entre situações anteriormente vivenciadas como toleráveis ou intoleráveis, que reconfiguram os contextos, criando algo novo. A vivência do novo é irreversível, está sempre apontando para e iniciando outras situações diferentes das existentes: isso é mudança. A continuidade da mudança dependerá de não existirem entraves e impedimentos à mesma. Utilizar posições e matrizes das estruturas superadas e questionadas é descontinuar a mudança, é fragmentá-la, é uma tentativa de inseri-la em outras ordens que não as resultantes da superação ao impasse, é acomodação.

Direcionar antíteses para reivindicações, pedidos ou soluções é impedir sínteses, é ajustar as contradições, amortecendo-as. Essa tentativa de quebra do processo de mudança gera novas atmosferas, gera objetivos que passam a ser sinalizadores de demandas, quando na verdade são resultantes de manobras criadas para descontinuar as situações novas. A substituição da motivação, a inclusão de *a priori*, medos e experiências são superposições ao que acontece, consequentemente confundem, escondem e disfarçam o ocorrido. Isso explica tanto os processos individuais quanto os sociais. Sem síntese, as teses e antíteses, os impasses e questionamentos são transformados em divisão, em paralelas nas quais a possibilidade de mudança é retardada, até mesmo neutralizada, extinta.

Amortecer antíteses é neutralizar questionamentos. Sem antítese, sem encontro, há um vazio, espaço preenchido por qualquer coisa alheia ao questionado, ao gerador de impasse. Novos questionamentos são necessários para que surja antítese.

Em psicoterapia, é frequente que a mudança seja transformada em ferramenta de manutenção, ao ser utilizada e reduzida às melhoras factuais e oportunas. Perceber, por exemplo, que o relacionamento conjugal construído em estruturas de sonhos, mentiras e ilusão, desmorona e ainda assim tentar reconstruí-lo com novos acertos e contratos negociados é atualizar o superado, o desgastado, é negar o novo, negar o fracasso do próprio relacionamento, neutralizando temporariamente os questionamentos. Nesses casos, diálogos podem ser apenas paliativos; compreensão pode ser uma maneira de negar o ocorrido. Encontrar o bode expiatório – descobrir a culpa – como causa responsável pela modificação do afeto transforma-se em um elemento salvador. Todas essas atitudes são formas de ficar diante do acontecido, neutralizando-o por se estar imerso em outras motivações, desejos e compromissos.

Utilizar o alívio dos sintomas desagradáveis para tentar realizar situações e desejos que os determinaram é o oportunismo, a instrumentalização dos processos de mudança.

Coerência e fidelidade ao que se questiona, ao impasse criado, é o que vai permitir a mudança, a continuidade do novo.

Bibliografia

CAMPOS, V. F. *A questão do ser, do si mesmo e do eu.* Rio de Janeiro: Relume Dumará, 2002.

CAMPOS, V. F. *A realidade da ilusão, a ilusão da realidade.* Rio de Janeiro: Relume Dumará, 2004.

CAMPOS, V. F. *Desespero e maldade – estudos perceptivos da relação figura fundo.* Salvador: edição do autor, 1999.

CAMPOS, V. F. *Individualidade, questionamento e psicoterapia gestaltista.* Rio de Janeiro: Alhambra, 1983.

CAMPOS, V. F. *Linguagem e psicoterapia gestaltista – como se aprende a falar.* São Paulo: Ideias & Letras, 2015.

CAMPOS, V. F. *Mudança e psicoterapia gestaltista.* Rio de Janeiro: Zahar Editores, 1978.

CAMPOS, V. F. *Psicoterapia gestaltista conceituações.* Rio de Janeiro: edição do autor, 1973.

CAMPOS, V. F. *Psicoterapia gestaltista conceituações.* 3. ed. Rio de Janeiro: edição do autor, 1988.

CAMPOS, V. F. *Relacionamento trajetória do humano.* Salvador: edição do autor, 1988.

CAMPOS, V. F. *Terra e ouro são iguais – percepção em psicoterapia gestaltista.* Rio de Janeiro: Jorge Zahar Editor, 1993.

FREUD, S. *Obras completas.* Madrid: Biblioteca Nueva, 1948.

HUSSERL, E. *Expérience et jugement.* Paris: Presses Universitaires de France, 2000.

HUSSERL, E. *La Terre Ne Se Meut Pas.* Paris: Les Éditions de Minuit, 1989.

HUSSERL, E. *L'idée de la phénoménologie.* Paris: Presses Universitaires de France, 2000.

KOEHLER, W. *Dinamica en Psicologia.* Buenos Aires: Paidos, 1955.

KOEHLER, W. *Psychologie de la forme*. Paris: Gallimard, 1964.

KOEHLER, W. *The mentality of apes*. London: Pelican Books, 1957.

KOEHLER, W. *The place of value in a world of facts*. New York: Meridian Books, 1959.

KOFFKA, K. *A source book of gestalt psychology*. London: Routledge & Kegan Paul Ltd, 1938.

KOFFKA, K. *Princípios de psicologia de la forma*. Buenos Aires: Paidos, 1953.

KOFFKA, K. *The growth of the mind-an introduction to child psychology*. New Jersey: Littlefield Adams and Company, 1959.

MUKHERJEE, S. *O gene – uma história íntima*. São Paulo: Cia das Letras, 2016.

ROUDINESCO, E. & PLON, R. *Dicionário de Psicologia*. Rio de Janeiro: Jorge Zahar Editor, 1998.

WERTHEIMER, M. *Productive thinking*. London: Social Science Paperbacks, 1961.

WERTHEIMER, M. *Readings in perception*. New York: Van Nostrand Co. Inc., 1964.

ZOURABICHVILI, F. *Deleuze: uma filosofia do acontecimento*. São Paulo: Editora 34, 2016.